# 医用检验仪器与体外诊断试剂

（供医疗器械工程技术专业用）

主　编　郭　超

副主编　周　刚　魏贤莉

编　者　（以姓氏笔画为序）

刘虔铖（广东食品药品职业学院）

周　刚（宁波市奉化区人民医院）

周天绮（浙江药科职业大学）

单　炜（宁波市奉化区中医医院）

郭　超（浙江药科职业大学）

魏贤莉（广东食品药品职业学院）

中国健康传媒集团

中国医药科技出版社

## 内 容 提 要

本教材是"高等职业教育本科医疗器械类专业规划教材"之一，系根据高等职业教育本科人才培养方案和本套教材编写要求编写而成。全书包含9章内容：绪论、血细胞分析仪器、生化分析仪器、血液流变和血液凝固分析仪器、血气和电解质分析仪器、尿液和尿沉渣分析仪器、临床微生物检测仪器、免疫分析仪器和分子诊断仪器等。每章主要围绕仪器的发展史、分类、临床应用、基本原理、基本结构、技术要求以及保养与维护等方面具体介绍，并设置知识链接与岗位情景模拟等模块，方便学生更好地理解与学习。本教材为书网融合教材，即纸质教材有机融合电子教材、教学配套资源，使教学资源更加多样化、立体化。

本教材可供全国高等职业教育本科院校医疗器械工程技术专业师生作为教材使用，也可作为相关专业本科生及成人自学者的教学参考书。

**图书在版编目（CIP）数据**

医用检验仪器与体外诊断试剂/郭超主编． －－北京：中国医药科技出版社，2024.8. －－（高等职业教育本科医疗器械类专业规划教材）． －－ ISBN 978 – 7 – 5214 – 3751 – 5

Ⅰ．TH776；R981

中国国家版本馆 CIP 数据核字第 2024K1N394 号

**美术编辑**　陈君杞
**版式设计**　友全图文

出版　**中国健康传媒集团** | 中国医药科技出版社
地址　北京市海淀区文慧园北路甲 22 号
邮编　100082
电话　发行：010 – 62227427　邮购：010 – 62236938
网址　www. cmstp. com
规格　889mm×1194mm $\frac{1}{16}$
印张　9 $\frac{1}{4}$
字数　261 千字
版次　2024 年 8 月第 1 版
印次　2024 年 8 月第 1 次印刷
印刷　北京印刷集团有限责任公司
经销　全国各地新华书店
书号　ISBN 978 – 7 – 5214 – 3751 – 5
定价　**49.00 元**

获取新书信息、投稿、为图书纠错，请扫码联系我们。

# 数字化教材编委会

主　编　郭　超

副主编　周　刚　魏贤莉

编　者　（以姓氏笔画为序）

　　　　刘虔铖（广东食品药品职业学院）

　　　　周　刚（宁波市奉化区人民医院）

　　　　周天绮（浙江药科职业大学）

　　　　单　炜（宁波市奉化区中医医院）

　　　　郭　超（浙江药科职业大学）

　　　　魏贤莉（广东食品药品职业学院）

医用检验仪器与体外诊断试剂是医疗器械工程技术等医疗器械相关专业的一门重要课程。医疗器械工程技术专业学生毕业后主要从事医疗器械技术支持与服务、医疗器械产品开发、医疗器械注册管理、医疗器械质量管理等方向工作，而这些岗位要求工作人员需要对医用检验仪器的基本工作原理、基本结构有所了解，因此本课程中选取典型医用检验仪器，从仪器的基本原理、基本结构、维护与保养等方面进行讲解，为学生专业技能的提升提供理论依据。

教材每个章节设置了"学习目标"，从掌握、熟悉、了解三个层面介绍本章的主要内容，方便学生快速了解本章需要重点学习的知识点；"知识链接"模块，扩展学生的专业知识，并且达到思政元素自然融入教材的效果；"岗位情景模拟"模块，通过仪器常见的故障问题分析，模拟医疗器械维修维护的场景，在岗位情景模拟中将故障解决思路通过问题引导一步步提出，引导学生进行自主思考。本教材从经典医用检验仪器入手，并在检验仪器介绍同时融入配套使用试剂的介绍，每个章节以仪器概述、基本原理、基本结构、技术要求、保养与维护等为主线，引导学生层层深入学习，并形成较清晰、明确的学习思路。

本教材主要包含绪论、血细胞分析仪器、生化分析仪器、血液流变和血液凝固分析仪器、血气和电解质分析仪器、尿液和尿沉渣分析仪器、临床微生物检测仪器、免疫分析仪器和分子诊断仪器等九章内容，包含了常用的具有代表性的医用检验仪器。本教材为书网融合教材，即纸质教材有机融合电子教材、教学配备资源，使教学资源更加多样化、立体化。

本教材编写由我单位联合宁波市奉化区人民医院周刚老师、宁波市奉化区中医院单炜老师，以及广东食品药品职业学院的刘虔铖和魏贤莉老师共同完成，非常感谢各位编者的共同努力！

本教材可供高等职业教育本科医疗器械工程技术等医疗器械相关专业师生作为教材使用，也可作为相关从业人员的参考用书。

由于医用检验技术发展迅速，编者水平有限，因此，如果在书本中有表达不当或者疏漏之处，敬请各位专家和读者提出宝贵的建议和意见。

编　者
2024 年 5 月

# CONTENTS 目录

# 绪 论

PPT

**学习目标**

1. **掌握** 医学检验及体外诊断试剂的基本概念。
2. **熟悉** 医用检验仪器的常用性能指标。
3. **了解** 医用检验仪器的应用与维护。
4. 学会医用检验仪器保养与维护的基本技能。

## 第一节 医用检验仪器概述

医疗器械是将生物技术以及物理学原理和现代工程技术进行紧密结合而产生的。医疗器械是一门综合性较强的学科，其将理科、工科、医学等学科紧密结合，并有效运用现代自然科学和工程技术手段，从多层面上研究人体的结构、功能及其之间的相互关系，为疾病的预防、诊断、治疗提供了新的技术手段支持。医疗器械的数字化、信息化、智能化为医疗服务提供了更为强大的信息分析处理能力和更高的智能化工作程度。先进的医疗器械技术是医院现代化的重要标志，是医疗水平和医疗安全的重要保障。

医用检验仪器是医疗器械的典型代表，是用于疾病预防、诊断和研究以及进行药物分析的现代化实验室仪器。医用检验仪器将光学、机械、电子、计算机、材料、传感器、生物化学、放射等多学科中的高、精、尖技术进行相互融合，从而获得正常人体以及患者疾病发展中的有效诊断信息，随着各学科技术的不断提升、不断更新，医用检验仪器的自动化程度越来越高，结构原理越来越复杂，测量数据也越来越精确，为疾病诊断、研究提供了更为有效的技术支持。

### 一、医用检验仪器的发展

**1. 医用检验仪器的起源** 15 世纪，随着放大镜出现，人类对光谱的认识逐步加深；17 世纪，列文虎克发明显微镜，显微镜很快被用于临床疾病的诊断中，为临床医学实验的建立奠定了基础，并逐步形成包括现代医用检验仪器在内的医用检验仪器学。随着新材料、计算机以及电子技术的兴起与发展，医用检验仪器得到不断发展和创新，同时相关技术被广泛应用于医学、生物学、食品、化工等领域。随着科学技术的不断进步，人们越来越需要从分子水平观察和分析微观世界，医用检验仪器必将有更大发展。

**2. 典型医用检验仪器的发展** 显微镜问世后，随即就被用于生物细胞微观有形成分的诊断，并逐步发展到用于人体各系统细胞成分的检查，在此基础上，对血液化学成分的分析也逐步得到发展。Tiselius 于 1937 年首先运用界面电泳（又称自由电泳）方法分离蛋白质，主要用于研究蛋白质。在此基础上，其他各种类型的电泳仪也先后问世。20 世纪 50 年代初，美国的 Coulter 应用电阻抗原理研制出最早的血液分析仪，其能够完成血液中的红细胞和白细胞的计数，此技术逐步取代了手工显微镜血细胞计数的模式，开创了血液分析的新时代。20 世纪 70 年代末至 80 年代，白细胞二分类仪器、三分类仪器和五分类仪器先后研制成功。

20 世纪 50 年代，Skeggs 发明了连续流动式分析技术，并制成单通道连续流动式自动生化分析仪，为之后自动生化分析仪的发展奠定了理论与技术基础。20 世纪 60 年代，开发了单通道和多通道顺序式自动生化分析仪；20 世纪 70 年代，出现了各种类型的离心式自动生化分析仪；20 世纪 80 年代，离子选择电极的出现从根本上改变了电解质测定方法；20 世纪 90 年代初，将固相酶、离子特异电极和多层膜片的干化学试剂系统应用于检验仪器，开创了即时实验仪器开发的新局面，为重症监护室、诊所医师即时检测和患者自测提供了硬件支持。

1959 年，美国学者 Berson 和 Yalow 在研究胰岛素免疫特性时，建立了血浆微量胰岛素的测定法，定名为放射免疫分析（radio immunoassay，RIA）。20 世纪 70 年代，建立了各种免疫荧光测定法（immunofluorescence assay，IFA）。近年来，酶免疫测定（enzyme immunoassay，EIA）和免疫荧光技术获得了广泛应用。

20 世纪 70 年代，采用物理和化学的分析方法，根据细菌不同的代谢产物的差异和生物学性状，逐步形成了微量快速培养基和微量生化反应系统，并在此基础上，将恒温孵育箱、读数仪和计算机分析等技术加入，便形成半自动化或自动化微生物鉴定系统。

1983 年，美国 Cetus 公司的 Kary B Mullis 发明了聚合酶链反应（polymernse chain reaction，PCR），又称特异性 DNA 序列体外定向酶促扩增法。此后，核酸序列测定进入了一个新的阶段，各种核酸序列测定仪纷纷出现。

**3. 医用检验仪器的发展趋势**　现代检验医学是临床各学科中非常重要的一门辅助性诊断学科，随着基础医学的深入研究以及高新科技在实验方法中的应用，医用检验仪器得到飞速发展并迅速在临床实验室得到普及。未来医用检验仪器的设计更趋于完善。随着计算机、人工智能、自动化等技术的不断提升，检验仪器不断朝着数字化、自动化、智能化、标准化、微型化方向发展，设计理念更加注重人性化、节能、环保。全实验室智能化流水线实现了一台仪器可完成常规、特殊生化、血凝、特种蛋白和免疫等多种项目。

## 二、医用检验仪器的分类

目前医用检验仪器种类众多，功能、用途有所不同，分类相对比较困难，常见的分类方法有根据检验方法进行分类、根据工作原理进行分类、根据仪器功能进行分类等，分类方法与分类依据比较丰富，在本教材中采用根据仪器的功能以及临床应用习惯进行分类，将其分为基础检验仪器和专业检验仪器两大类。在本教材中更加侧重于专业检验仪器的介绍。

**1. 基础检验仪器**　指实验室最基本的检验仪器。包括显微镜、移液器、离心机、恒温干燥箱等。

**2. 专业检验仪器**　指在医学实验室中，根据专业性质不同进行相关检验项目的专业仪器，分为以下几类。

（1）与血液检验相关的仪器　如血细胞分析仪、血液凝固分析仪、血液黏度仪等。

（2）与尿液检验相关的仪器　如尿液干化学分析仪、尿液有形成分分析仪等。

（3）与生物化学分析相关的仪器　包括自动生化分析仪、电解质分析仪、血气分析仪等。

（4）与细胞分子生物学技术相关的仪器　如流式细胞仪等。

（5）与微生物检验相关的仪器　如血培养检测系统、微生物鉴定与药敏分析系统等。

（6）与免疫检验相关的仪器　如酶免疫分析仪、发光免疫分析仪等。

目前，在临床检验中，还常常联合使用不同类别的检验仪器，组成智能化检验流水线，进一步提高了临床服务的速度和质量。

### 三、医用检验仪器的特点

**1. 结构复杂**　医学检验仪器多是集光学、机械、电子于一体的仪器，使用器件种类繁多。尤其是随着仪器自动化程度的提高，仪器体积的小型化，仪器功能不断增强，使仪器结构更加紧凑，结构更加复杂。

**2. 涉及技术领域广**　医学检验仪器常涉及光学、机械、电子、计算机、材料、传感器、生物化学、放射等技术领域，是多学科技术相互渗透和结合的产物。

**3. 技术先进**　医学检验仪器始终紧跟各相关学科的前沿技术。最新电子技术、新计算机技术、新材料和新器件、新的分析方法等，都在医学检验仪器中广泛使用。

**4. 精度高**　医学检验仪器多属于精密仪器。医学检验仪器是用来测量某些物质的存在、组成、结构及特性的，并给出定性或定量的分析结果，直接关系到检验及诊断结果，所以要求精度非常高。

**5. 对环境要求高**　医用检验仪器对于环境有较高要求，比如环境的清洁度、环境的温度、湿度以及使用仪器周边的电磁干扰等。医用检验仪器的使用环境会对仪器的使用寿命以及检验结果的准确度有较大影响。

# 第二节　医用检验仪器的质量控制

医用检验仪器性能主要依靠产品的技术规范以及有效的质量管理体系来保障，医用检验仪器检验报告的准确性直接会影响医生对患者疾病的诊断、治疗。因此，医用检验仪器质量控制在医学检验中占据十分重要的地位。通过有效的质量控制，提升对于患者的服务质量。通过全过程、全方位质量控制，从而实现检验全过程的有效质量控制及质量评估。

## 一、医学检验质量控制概述

### （一）质量管理的概念

质量控制或质量管理（quality control，QC）就是检测、分析过程中的误差，控制与分析有关的各个环节，防止得出不可靠的结果而进行的一系列手段和步骤。为了使实验结果符合质量要求，按照检验程序，可分为分析前、分析中和分析后三个阶段，每个阶段都有着各自不同的质量管理要求。

### （二）质量控制的范围

**1. 仪器分析前的质量管理**　随着检测系统和质量控制方法的不断进步，分析中的质量已有极其显著的改进。近几年，越来越重视分析前和分析后两个阶段的质量控制。标本质量直接影响检测结果。因此，从患者被要求进行检验起，直至将样品做检测前，必须重视患者准备、识别，重视标本采集、运送、处理和保存等每一个环节，确保患者样品的质量。

**2. 仪器分析过程质量控制**　在分析过程中将患者样品与控制品一起进行实验分析，通过控制品的检测结果来了解分析过程中的质量情况。

**3. 仪器分析后的质量控制**　在分析后对检验结果进行数据传送、计算、打印检验报告单的过程中由于疏忽而出现的问题，属于差错，不属于分析误差。差错需要消除。应充分重视分析前、分析后检验过程中的质量管理。

**4. 结果统计的质量控制**　使用统计方法对控制值进行归纳分析，便于了解质量状况，称为统计质量控制。统计质量控制是分析过程质量控制的一个内容，其他还有如患者结果的均数差值（X－B）控制、患者结果差值控制（delta check）、患者结果均数控制（XB）等。以往的统计质量控制都是以统计概率理论为基础。

**5. 选择和评估检测系统**　理论上任何一次检验都有误差。误差分为实验方法学的"固有"误差和除此以外的外加误差。要使检验结果符合质量要求，除了质量控制外，还必须对使用的检测系统（包括仪器、试剂、原理、标准品、校准品、检测程序等组成的系统）做出严格的选择和评价，确定其精密度、准确度、分析灵敏度、患者结果可报告范围、分析干扰和参考范围等分析性能。在检测系统正式用于实际检测患者标本前，必须了解在检测系统最佳稳定状态下使用时的总误差水平。总误差水平低于临床上可接受的水平，才能真正使检验结果符合临床要求。

### （三）检验项目与结果的临床价值评估

加强检验科室与临床医生的联系和交流，让临床医生了解各个检验项目在诊断、治疗和随访中的意义与价值，了解诊断和体检中检验结果应用的不同，使临床医生在申请检验时，可以有目的地选择有关项目，使每个检验结果都在临床中充分发挥作用。

## 二、医用检验仪器的常用性能指标

医用检验仪器的常用性能指标直接影响检查结果。一个优良的检验仪器应具有的性能指标如下：灵敏度好、精度高、噪音小、误差小、分辨率高、可靠性高、重复性好、响应迅速、线性范围宽和稳定性好等。因此，对检验仪器的基本性能指标应有所了解，简单介绍如下。

**1. 灵敏度**　指检验仪器在稳态下输出量变化与输入量变化之比，即检验仪器对单位浓度或质量的被检物质通过检测器时，所产生的响应信号值变化大小的反应能力，它反映仪器能够检测的最小被测量。仪器能够检测的被测量越小，说明灵敏度越好。

**2. 误差与准确度**

（1）误差　是指测量值与真实值之间的差异。由于仪器、实验条件、环境等因素的限制，物理量的测量值与真实值之间总会存在着一定的差异，这种差异就是测量误差。误差只能通过某些方法减小而不能消除。

（2）准确度　是指仪器检测值与真值（通常用标准品的标示值）的符合程度。仪器的准确度应该采用权威机构或者行业公认标准品进行评价，即通过仪器实际测量结果与标准品的标示值比较来计算误差。仪器检测结果的准确度通常是衡量仪器的重要性能指标。

**3. 精确度**　简称精度，是指检测值偏离真值的程度。是对仪器检测结果可靠程度或检测可靠程度的一种评价。精确度是仪器测定值随机误差和系统误差的综合反映。

**4. 噪声**　是指在不加入被检样品时（输入信号为零），仪器输出信号的波动或变化范围。一般用单位时间内测得信号的单方向变化幅值表示。引起噪声的主要原因如下：①外界因素，如周围电场或磁场的影响、环境条件（温度、湿度、大气压强）变化等；②仪器内部因素，如仪器内部温度变化、元器件老化等。噪声的表现形式有抖动、起伏或漂移等。噪声会影响检测结果的准确性，应尽量减小。

**5. 重复性**　是指相同条件下，多次测量同一样本、同一指标所测结果之间的分散程度，通常不同的仪器对测量结果的重复性有具体规定和要求。重复性能够反映设备固有误差的精密度。

**6. 可靠性** 是反映仪器耐用程度的一项综合指标。衡量可靠性的指标主要有平均无故障时间、故障率或失效率、可信任概率 $P$。

（1）平均无故障时间 是指若干次（或者若干台）仪器无故障时间的平均值。无故障时间，是指仪器在标准工作条件下，到发生故障失去工作能力时所工作的时间。

（2）故障率或失效率 是指平均无故障时间的倒数。

（3）可信任概率 $P$ 是由于元件参数的渐变，使得仪器仪表误差在给定的时间内仍然保持在技术条件规定的限度以内的概率。概率 $P$ 值越大，说明仪器的可靠性越高。

**7. 线性范围** 是指测定成分的含量与测定结果之间符合线性关系的范围。线性范围越宽，能够测量的浓度（含量）范围就越大。仪器在线性范围内检测通常可以保证较好的灵敏度和准确度。因此，在实际工作中应该熟悉仪器检测时的线性范围。

**8. 测量范围和示值范围**

（1）测量范围 是指在允许误差极限内仪器所能测出的被检测值的范围。

（2）示值范围 检测仪器所指示的被检测值称为示值。从仪器所显示的最小值到最大值的范围称为示值范围。

**9. 分辨率** 是指仪器设备能够感觉、识别或探测的输入量（或者能产生、能响应的输出量）的最小值。是仪器设备的一个重要的技术指标，它与精确度紧密相关，要提高检验仪器的检测精确度，必须相应提高其分辨率。

**10. 响应时间** 是指从被检测量发生变化到仪器给出正确示值所经历的时间。目前多采用的是仪器反映出到达指示指 90% 所经历的时间（也称为时间常数）。

**11. 频率响应时间** 是指为了获得足够精度的输出响应，仪器所允许的输入信号的频率范围。频率响应特性决定了被检测的频率范围，频率响应高，被检测的物质频率范围就宽。

# 第三节 医用检验仪器的保养与维护

对医用检验仪器进行维护保养的目的是减少或避免偶然性故障的发生，延缓必然性故障的发生，并确保其性能的稳定和可靠。医用检验仪器的维护保养工作是一项贯穿整个检验过程的长期工作，必须根据各种仪器的特点、结构和使用情况，针对容易出现故障的环节，制订出具体的维护保养措施，由专人负责执行。

**1. 正确使用** 操作人员应熟悉仪器操作方法，严格按照操作规程的正确使用，确保仪器始终保持良好运行状态。同时要重视配套设备和设施的使用和维护检查，比如气体发生器、钢瓶、电源和水源系统等，避免仪器在正常工作时发生断气、断电、断水等情况。

**2. 环境要求** 医用检验仪器对使用环境有很高的要求。一旦灰尘进入仪器的光路系统，必然会影响仪器的灵敏度和精确度。灰尘还常常会造成零部件间的接触不良，导致电气绝缘性能变差而影响仪器的正常使用。因此，保持实验室及检验仪器的清洁是仪器维护保养中不可或缺的重要工作。

环境的温、湿度对仪器的影响也很大。为保证仪器的精度以及延长其使用寿命，应让仪器始终处于符合要求的温、湿度环境中。潮湿的环境很容易造成器件的生锈甚至导致仪器损坏，造成故障；还容易使仪器的绝缘性能变差，影响仪器电气安全。平时可以利用空调机的除湿功能来控制实验室的湿度，必要时应专门配备除湿机。对仪器内放置的干燥剂一定要定期检查，一旦失效要及时更换。防震也是精密仪器对环境的基本要求之一。精密仪器应安放在坚实稳固的实验台或基座上。此外，医用检验仪器用于人体的体液和分泌物检验，常出现检测物品或其他化学物质残留在仪器上的情况。所以，每次使用完毕都要及时做好清洁维护工作，并确保精密仪器远离腐蚀源。

**3. 电源要求**　良好、稳定的供电对于检验仪器的精度和稳定性极为重要。来自电网的浪涌电压及瞬变脉冲对检验仪器危害极大，会破坏扫描电镜和计算机工作，造成信号图像畸变，还会干扰前置放大器、微电流放大器等组件工作。尽管仪器一般自身都具有电源稳压功能，但还是应保证供电电源的电压稳定、波形失真小和具有正确良好的接地等。大型检验仪器应做到单独深埋接地，并具有良好的抗干扰措施，比如采用隔离变压器等，以保证仪器的灵敏度和可靠性。为防止仪器、计算机在工作中突然停电而造成损坏或数据丢失，可配用高可靠性的 UPS 电源，这样既可改善电源性能，又能在非正常停电时做到安全关机。

**4. 做好记录**　应该认真做好仪器的工作记录，其内容包括新进仪器的安装调试、验收记录、仪器状态、开机或维修时间、操作维修人员、工作内容及其他需要记录备查的内容。这些档案资料一方面可为将来的统计工作提供充分的数据，另一方面也可掌握某些需定期更换的零部件的使用情况，有助于后期故障排查。

**5. 定期校验**　检验仪器用于测试和检验各种样品，是分析人员的主要工具，它能起到人眼无法起到的作用，把物质的微观世界充分展现在人们眼前。检验仪器所提供的数据，已成为疾病诊断、危险分析、治疗效果评价和健康状况监测的重要依据，应力求结果的准确、可靠。因此，应当按照仪器说明书提供的方法和标准对仪器定期进行校验，以保证测量结果的准确可靠。

# 第四节　体外诊断试剂概述

## 一、体外诊断试剂的定义

体外诊断试剂，是指按医疗器械管理的体外诊断试剂，包括可单独使用或与仪器器具、设备或系统组合使用，在疾病的预防、诊断、治疗监测、预后观察、健康状态评价以及遗传性疾病的预测过程中，用于对人体样本（各种体液、细胞、组织样本等）进行体外检测的试剂、试剂盒、校准品（物）、质控品（物）等。

## 二、体外诊断试剂的命名原则

申请注册的体外诊断试剂应当采用符合命名原则的通用名称。

体外诊断试剂产品名称一般可由三部分组成，命名遵循以下原则。

第一部分：被测物质的名称，如乙型肝炎表面抗原。

第二部分：用途，如诊断血清、测定试剂盒、质控品等。

第三部分：方法或原理，如酶联免疫方法、胶体金方法等，本部分应当在括号中列出。如乙型肝炎表面抗原（第一部分）测定试剂盒（第二部分）（酶联免疫方法）（第三部分）。

如果被测物组分较多或情况特殊，可以采用与产品相关的适应证名称或其他替代名称，如地中海贫血诊断试剂盒。

### 三、体外诊断试剂的分类

根据产品风险程度的高低进行分类，体外诊断试剂可以分为第一类、第二类、第三类产品。

#### （一）第一类产品

（1）微生物培养基（不用于微生物鉴别和药敏试验）。

（2）样本处理用产品，如溶血剂、稀释液、染色液等。

#### （二）第二类产品

除已明确为第三类、第一类的产品，其他为第二类产品，主要包括以下产品。

（1）用于蛋白质检测的试剂。

（2）用于糖类检测的试剂。

（3）用于维生素检测的试剂。

（4）用于酯类检测的试剂。

（5）用于激素检测的试剂。

（6）用于酶类检测的试剂。

（7）用于无机离子检测的试剂。

（8）用于微生物鉴别或药敏试验的试剂。

（9）用于药物及药物代谢物检测的试剂。

（10）用于自身抗体检测的试剂。

（11）用于其他生理、生化或免疫功能指标检测的试剂。

#### （三）第三类产品

（1）与致病性病原体抗原、抗体以及核酸等检测相关的试剂。

（2）与血型、组织配型相关的试剂。

（3）与治疗药物作用靶点检测相关的试剂。

（4）与人类基因检测相关的试剂。

（5）与麻醉药品、精神药品、医疗用毒性药品检测相关的试剂。

（6）与遗传性疾病相关的试剂。

（7）与肿瘤标志物检测相关的试剂。

（8）与变态反应（过敏原）相关的试剂。

第二类产品中的某些产品如果用于肿瘤的诊断、辅助诊断、治疗过程的监测，或用于遗传性疾病的诊断、辅助诊断等，则按第三类产品注册管理。在药物及药物代谢物检测的试剂中，如果该药物属于麻醉药品、精神药品或医疗用毒性药品范围，则按第三类产品注册管理。

校准品、质控品等体外诊断试剂产品，如果不单独销售，则不需要单独申请注册；如果单独销售，则需要单独申请注册，其类别与其同时在临床使用的体外诊断试剂产品的类别相同。对于多项校准品、质控品，其类别与同时使用的高类别体外诊断试剂产品相同。

📎 **知识链接**

### 体外诊断试剂的性能评估

体外诊断试剂的性能评估，按照使用目的大致可分为定量检验和定性检验两类。

**1. 定量检验** 是指测量分析物的量或浓度，并以适当测量单位的数字量值表达的一组操作。

**2. 定性检验** 是指基于化学或物理特性物质，被识别或分类的一组操作，在性能评估的方法上有不同的评价指标。

定量试验的主要评价指标有正确度、准确度、重复性、线性、检出限、定量限等。定性试验的主要评价指标主要有重复性、阳性符合率、阴性符合率、诊断灵敏度、诊断特异性、临界值等。

## 目标检测

答案解析

**一、单选题**

1. 以下属于专用检验仪器的是（　　）。

　　A. 显微镜　　　　　　B. 离心机　　　　　C. 血细胞分析仪　　　　D. 移液器

2. 体外诊断试剂的命名原则不包括（　　）。

　　A. 第一部分：被测物质的名称　　　　　　B. 第二部分：用途

　　C. 第三部分：方法或原理　　　　　　　　D. 第四部分：生产日期

**二、多选题**

1. 以下属于医用检验仪器特点的是（　　）。

　　A. 结构复杂　　　　　　　　　　　　　　B. 涉及技术领域广

　　C. 精度高　　　　　　　　　　　　　　　D. 对环境要求低

2. 质量管理可以分为（　　）三个阶段。

　　A. 分析前　　　　　B. 分析中　　　　　C. 分析后　　　　　D. 分析准备

**三、简答题**

请简述体外诊断试剂的定义。

**书网融合……**

本章小结

# 第一章 血细胞分析仪器

PPT

**学习目标**

1. **掌握** 血细胞分析仪器的基本原理。
2. **熟悉** 血细胞分析仪器的基本结构及技术要求。
3. **了解** 血细胞分析仪器的临床应用及保养维护。
4. 学会血细胞分析仪器保养与维护的基本技能。

## 岗位情景模拟 - - - - - - - - - - - - - - - - - - - - - - - - - - - - - - - - - - - - - - - - - - - - - - -

**情景描述** 血细胞分析仪是医学检验中经常会使用到的仪器,主要用于对血液样本中的血细胞计数和分类。血细胞分析仪在使用中最常见的故障之一是堵孔故障,比如血细胞分析仪在使用中故障显示区显示白细胞计数孔堵塞,相应数据显示区无数据显示。

**讨论** 1. 血细胞分析仪计数孔有什么作用?
2. 血细胞计数的基本计数原理和分类原理是什么?
3. 如何解决计数孔堵塞的问题?

- - - - - - - - - - - - - - - - - - - - - - - - - - - - - - - - - - - - - - - - - - - - - - - - - - - - - - - - - - - -

# 第一节 血细胞分析仪

## 一、血细胞分析仪概述

血液通过血液循环系统与人体各个组织器官紧密联系,并参与人体的各项生命活动。血液对于维持人体正常的新陈代谢和内外环境的平衡起着重要的作用。因此,当人体出现病理变化时,人体的血液成分也会发生变化。因此,可以通过血液检验为相关疾病的诊断提供指导。

血液是由血细胞和血浆组成的。血液样本中加入抗凝剂再经过离心后,血液出现分层现象,上层呈现淡黄色的液体为血浆,中层为血小板和白细胞层,下层为红细胞。血细胞分为红细胞、白细胞、血小板,白细胞又包括中性粒细胞、嗜碱性粒细胞、嗜酸性粒细胞、淋巴细胞、单核细胞。血浆中90%以上为水,固体成分主要包括血浆蛋白(纤维蛋白原、清蛋白、球蛋白等)、葡萄糖、脂类、激素、维生素、非蛋白氮、无机盐等。人体的血量,是指血液循环系统中全部血液的总量,包含循环血和储存血。对于成年人而言,血量占体重的 6% ~ 8%,女性妊娠期间血量可以增加到 23% ~ 25%,婴幼儿的血量与体重之比略高于成年人。

血液的功能主要包括运输功能、防御功能、调节功能、维持机体内环境的稳定等。

**1. 运输功能** 血液可以将肺吸入的氧气以及消化系统吸收的各种营养物质,通过血液循环系统运输到人体的各组织和器官,同时将组织与器官产生的各种代谢产物,比如二氧化碳、尿素等运输到肺、肾等排出体外。

**2. 防御功能**    血液中的白细胞、抗体等具有很强的免疫功能，能够抵御病原微生物等异物入侵人体。中性粒细胞可以释放若干酶类物质、蛋白质和多肽，可以将细菌等异物消灭；单核巨噬细胞具有很强的吞噬作用，可以吞噬病毒、真菌等病原体，还可以吞噬组织碎片、衰老细胞等；淋巴细胞是人体重要的免疫活性细胞，B 淋巴细胞经过抗原激活可以转化为浆细胞并产生特异性抗体，参与体液免疫。

**3. 调节功能**    血液具有调节人体体温平衡及体内酸碱平衡的作用，同时血液可以将酶、激素等运送到相关组织、器官，因此也可以对人体组织、器官的功能运行起到一定调节作用。

**4. 维持机体内环境的稳定**    无机盐在血浆中以离子状态存在，阳离子中 $Na^+$ 的含量最高，阴离子中 $Cl^-$ 的含量最多，它们对于维持血浆晶体渗透压和保持神经肌肉的兴奋性起着重要的作用。白蛋白为血浆蛋白的一种，它对于维持血浆胶体渗透压起着重要作用。同时，血液对于维持体内水、电解质、酸碱度平衡也起着重要作用，使人体组织、器官处于相对稳定的内环境，从而保证人体生命活动的正常运行。

### （一）血细胞分析仪发展史

1590 年，荷兰人米德尔堡和詹森设计并制造了最原始的显微镜。1658 年，意大利人马尔皮基应用显微镜观察到了红细胞。自从发明显微镜后，人们从微观世界观察血液的组成，并根据血细胞的特点将它们命名为红细胞、白细胞、血小板，人们也意识到疾病与血液中细胞之间存在某种关系。1855 年，出现了用于计数血细胞的计数板，它不仅可以用于血细胞计数，还可以用于其他细胞、动物细胞、微小粒子的计数。计数板是使用最为广泛、最为经典的方法之一。

20 世纪 50 年代初，美国的 Coulter 应用电阻抗原理首创了最早的血液分析仪，能对血液中的红细胞和白细胞进行计数，此举突破了手工显微镜血细胞计数的模式，开创了血液分析仪器的新时代。最初的血细胞计数仪只能进行单参数测定，只能对红细胞和白细胞进行计数，而且需要人工进行切换。随着计算机技术、自动化技术的不断进步，20 世纪 70 年代末至 80 年代，白细胞二分类仪、三分类仪和五分类仪先后研制成功。

### （二）血细胞分析仪的分类

**1. 按照自动化程度分类**    血细胞分析仪可分为半自动化血细胞分析仪、全自动化血细胞分析仪、血细胞分析工作站、血细胞分析流水线。

**2. 按照工作原理分类**    血细胞分析仪可分为电容型、电阻抗型、激光型、光电型、联合检测型、干式离心分层型和无创型。

**3. 按照仪器分类白细胞的水平分类**    血细胞分析仪可分为二分群、三分群、五分群、五分群 + 网织红血细胞分析仪。

### （三）血细胞分析仪的临床应用

血液是维持人体生理正常活动的重要物质，它向全身各组织供应养分，调节各器官的生命活动，抵御有害物质和病菌的侵害，常被称为"生命之河"。人类生理和病理的变化往往会引起血液组分的变化，所以及时了解血液组分的变化，可以为医生提供诊断与治疗疾病的重要依据。血细胞分析仪（亦称血细胞计数器）就是了解血液组分变化的一种重要仪器，它是目前国内外医学检验最常用的仪器之一。

在进行白细胞计数时，细胞根据体积大小分配在不同计算机通道中，从而得到白细胞体积分布直方图。反之，从图形的变化可以估计被测血液中细胞群体的变化。这种变化的意义在于，操作者可以根据图形变化决定是否进一步镜检；提示操作者在镜检分类时注意异常细胞的存在。这种细胞图形的变化并无特异性。比如，中间细胞群包括大淋巴细胞、原始细胞、幼稚细胞、嗜酸性粒细胞、嗜碱性粒细胞，其中任一种细胞的增多，均可使直方图产生相似的变化。因此，异常的直方图只是提示检查者粗略判断细胞比例变化，或有无异常细胞明显出现，进而能在显微镜检查中注意这些变化，或在正常人体检中筛选是否需要进一步做血涂片检查。

与白细胞直方图意义不同，某些贫血患者的红细胞体积直方图有其特点，此种图形变化再与其他参数结合分析，对贫血鉴别诊断颇有价值。分析时，应注意观察图形峰的位置、峰底的宽度、峰顶的形态及有无双峰现象等。

由于红细胞与血小板测量在一个测试系统，小红细胞和大血小板的存在对血小板数及血小板平均体积检查有很大的干扰。当待测标本中小细胞增多，或出现细胞碎片，或血小板聚集时，影响实验结果，血小板体积直方图均能反映这些变化。因此，在发出血小板报告之前，首先要观察其图形是否正常，如为异常的图形，均应检查血液是否有血小板聚集，必要时进行血涂片，检查是否有小红细胞或大血小板增多现象。

血小板平均体积测定的临床价值有以下几点。

**1. 鉴别血小板减少的病因**　血小板减少症大致有以下三种病因：①骨髓巨核细胞生成不良（如再生障碍性贫血）；②血小板破坏增加（如 DIC、ITP）；③血小板分布异常（如脾大）。

文献报告，血小板平均体积变化有助于其鉴别诊断。一般情况下，由于周围血血小板破坏增多，导致血小板减少者，血小板平均体积增高；由于骨髓病变，导致血小板减少者，血小板平均体积降低。

**2. 鉴别骨髓增生性疾病与反应性血小板增多**　有关专家认为，通过血小板平均体积、大血小板指数及血小板分布直方图综合分析，有利于骨髓增生性疾病与反应性血小板增多的鉴别。

**3. 提示骨髓功能恢复的预后价值**　白血病化疗时，全血细胞减少；完全缓解时，全血细胞应恢复正常。

**4. 提示血小板体外功能**　研究结果证明，血小板平均体积与血小板体外功能明显相关，对胶原和凝血酶诱导血小板聚集速度及程度，随血小板平均体积增加而增加。有出血倾向的患者，血小板平均体积显著低于无出血倾向者，如血小板平均体积高于6.4fl，出血发生率较低。

## 二、血细胞分析仪的基本原理

血细胞分析主要是指计数单位容积中红细胞、白细胞、血小板的数量。血细胞分析仪器结合了电学和光学原理，不仅能自动对受检者血液标本中的红细胞、白细胞、血红蛋白、粒细胞、血小板等成分进行分析，还同时设定了提示阈值，从而能高效率地筛选出异常细胞，且相比于传统涂片镜检，该种检测方法还具有操作简单、检测快速等优势，因此，现已被临床广泛应用于血液标本检验中。

血细胞分析仪器是临床中应用非常广泛、各级医疗机构必备的常规检验仪器，其检测原理经历了从电容型、电阻抗型，到激光型、光电型、联合检测技术等几大模式的更新，并日趋完善。其中光电型检测原理作为经典的分析技术，在现代的血细胞分析仪器中，仍然作为联合检测技术的一部分而广泛使用。

### （一）电阻抗原理

血细胞是不良导体，如果将血细胞置于电解质中，由于细胞体积很小，一般情况下不会影响电解液的电导。但是如果构成电路的某一小段电解液截面很小，它的大小可与细胞的直径相比，那么当细胞浮游到此处时，将明显增加整段电解液的等效电阻。如果将电解液外接上一个恒流源（不论负载阻值如何改变，均提供恒定不变的电流），则此时电解液中两极间的电压是增大的，产生的电压脉冲信号和血细胞的电阻率成正比，因此，此时测量到的电压会出现升高的现象。如果控制定量溶有血细胞的电解液，使血细胞顺序通过小截面，则可得到一连串的电脉冲，之后对这些脉冲进行计数，就可求得血细胞的数量。由于各种血细胞直径不同，所以电阻率不同，所测得的脉冲幅度也不同，根据这一特点就可以对各种血细胞进行分类计数，这就是变阻脉冲法原理，如图 1-1 所示。

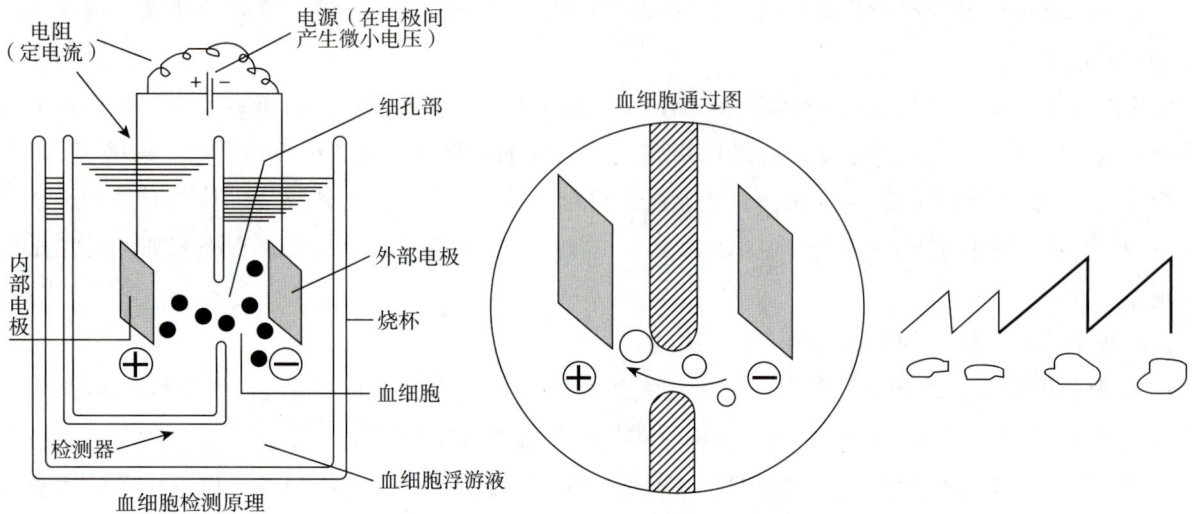

图 1-1　血细胞分析仪变阻脉冲法原理图

**1. 白细胞计数和分类计数**　在全血标本中加入一定倍数的稀释液之后，再加入特定的溶血剂将红细胞全部溶解掉，此时将会形成白细胞混悬液。当被测样品中的白细胞通过检测小孔时，此时电路中相当于加入一个微小的电阻，电路的等效电阻值将增大，因此，电压脉冲将会随着白细胞的通过而产生一个电脉冲。电脉冲的幅值反映了细胞体积大小，电脉冲的数量或者出现频率反映了细胞的数量。因此，通过该方法可以实现白细胞的计数。

正常生理条件下，不同种类的白细胞其体积也会有所不同。加入溶血剂后，红细胞迅速裂解，其碎片体积极小；淋巴细胞会失去胞质，仅有细胞核和细胞膜，体积变得很小；中性粒细胞基本不受影响，体积较大；单核细胞、嗜酸性粒细胞和嗜碱性粒细胞存在少量细胞质，体积会明显缩小，其体积介于淋巴细胞和中性粒细胞中间；幼稚细胞失去部分细胞质，体积同样介于淋巴细胞和中性粒细胞中间。血细胞分析仪将白细胞体积从 30~450fl 分为 256 个通道，系统依据细胞体积将不同体积细胞放入不同的通道，从而得到血细胞直方图，如图 1-2 所示，直方图横轴代表细胞的体积，纵轴表示细胞的数量或者出现的相对频率。从直方图可以看到，白细胞依据体积大小可以分为三个群：35~90fl 为小细胞群，主要为淋巴细胞；91~160fl 为中间细胞群，主要包括单核细胞、嗜酸性粒细胞、嗜碱性粒细胞和幼稚细胞等；161~450fl 为大细胞群，主要是中性粒细胞。

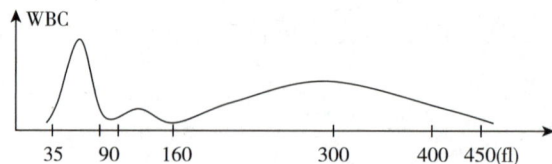

图 1-2　白细胞直方图

**2. 红细胞计数**　血细胞分析仪主要利用电阻抗法进行红细胞计数。当红细胞通过检测孔时，将形成一系列电脉冲，脉冲的幅值代表红细胞的体积大小，脉冲的频率代表红细胞的数量多少。血细胞分析仪可以依据所测相同体积红细胞占总数量的比例，得出红细胞体积分布直方图。

**3. 血红蛋白测定**　血细胞分析仪对血红蛋白的测定，大部分采用光电比色原理。细胞悬浮液中加入溶血剂，红细胞裂解释放出来血红蛋白，血红蛋白与溶血剂中相关成分发生化学反应并形成血红蛋白衍生物，并使被测样品发生一定颜色变化。进入血红蛋白检测系统后，在特定波长下进行光电比色测定，一般情况下是在最大吸收峰540nm处进行测定，检测获得吸光度的变化与被测样品中血红蛋白的含量成正比。

**4. 血小板检测**　一般情况下，血小板和红细胞在同一个检测通道中进行计数，由于红细胞和血小板体积存在较大差别，因此可以通过调整检测阈值对红细胞、血小板分别进行计数，高于设定阈值的为红细胞，低于设定阈值的为血小板。但是，当被检样本中存在红细胞碎片或小红细胞时，将影响血小板计数结果。

---

### 🔗 知识链接

#### 库尔特原理的发现

库尔特原理又称电阻法，是由美国贝克曼库尔特公司华莱士 H. 库尔特和他的兄弟小约瑟夫 R. 库尔特提出的。1946 年，在芝加哥的地下室实验室里，两兄弟最开始使用显微镜对含有细胞的悬浮液进行观察，悬浮液在毛细管中进行流通，与此同时，将一束光束照射到毛细管上，并对观察到的细胞分别进行计数，但是并没有获得想要的信号。1949 年，两兄弟提交了专利权申请，但是专利审查人员对"小孔"专利申请提出了疑问。面对质疑，库尔特兄弟并没有放弃，他们提供了小孔在其他领域应用的案例，在答辩申述中对狭小电流通道中的粒子感测也进行了描述。经过两兄弟的努力，1953 年 10 月，美国专利局授予其发明专利。1956 年，华莱士在论文中正式公布了库尔特原理。尽管他们取得了一些成就，但是在之后的工作中，他们依旧保持谦虚，依旧对新思想保持高度的热情。

---

### （二）联合检测型血细胞分析仪测定原理

联合检测型血细胞分析仪主要体现在白细胞分类计数上，联合检测技术包含了电阻抗、电导、光散射、流式、激光、细胞化学染色技术等，通过多种技术联合检测实现白细胞的分群。

**1. 电容、电导、光散射联合（volume conductivity light scatter，VCS）检测技术**　是将电容、电导、光散射三种物理学检测技术进行结合，从而实现白细胞进行多参数分析的技术。体积（volume，V）表示应用电阻抗原理测定白细胞的体积，用于区分体积大小差异较大的淋巴细胞和单核细胞；电导性（conductivity，C）采用高频电磁探针测量细胞内部的结构、细胞内核质比例、细胞内颗粒的大小和密度，从而对体积相近但是细胞内部结构区别较大的细胞进行区分，比如可以通过电导性将体积相近的淋巴细胞和嗜碱性粒细胞进行区分；光散射（scatter，S）可以对细胞的构型和颗粒质量进行区分。细胞内粗颗粒的光散射强度比细颗粒的光散射强度要更强，从而可以通过测定单个细胞的散射光强度，将中性粒细胞、嗜碱性粒细胞、嗜酸性粒细胞进行区分。

每个白细胞通过检测区时都要接受电容、电导、光散射三个维度的分析，仪器可根据白细胞体积、电导性和光散射测定数据的不同，在三维散点图上对其进行定位，从而在散点图上出现不同群，测定数据近似的就会落到同一个群中，相差较远的就会分到不同群，依据电容、电导、光散射三维数据就形成了不同的白细胞群。之后再计算出不同群落白细胞数量占白细胞总数的百分比。

**2. 多角度偏振光散射技术**　结合鞘流技术并以氦－氖激光为光源，通过多角度偏振光散射分析技术对白细胞进行检测分析。全血样本通过鞘流液被稀释形成细胞悬液，与鞘流液分别进入流动室。在鞘流液的作用下使细胞悬液中的细胞单个排列，并单个匀速通过激光检测区，这就是流式细胞仪中经常采用的液流聚焦原理。

仪器通过检测细胞在四个角度的散射强度对细胞进行分析。

（1）0°（1°~3°）前向散射光　前向散射光强度可以反映出细胞大小，并对细胞数量进行测定。

（2）10°（7°~11°）小角度散射光　主要反映细胞结构以及核质的复杂程度。

（3）90°（70°~110°）垂直角度散射光　可以反映细胞内部颗粒分布情况及分叶情况。

（4）消偏振光散射（70°~110°）垂直角度消偏振散射光　由于嗜酸性粒细胞的嗜酸颗粒可以将垂直角度的偏振光消偏振，从而通过检测垂直角度消偏振散射光，可将嗜酸粒细胞从中性粒细胞和其他细胞中区分出来。通过仪器对每个白细胞进行的四个角度散射光信号的测定与分析，可将白细胞划分为淋巴细胞、单核细胞、中性粒细胞、嗜酸性粒细胞、嗜碱性粒细胞五类。

多角度偏振光散射技术采用数量定量方法，每次计数时完成 10000 个细胞检测即自动停止检测。在检测中，由于红细胞内部渗透压高于外部鞘流液渗透压，红细胞内部的血红蛋白从细胞内游离出来，鞘流液内水分进入红细胞内部，从而可以保证红细胞的细胞膜结构保持完整，而使红细胞的折光指数与鞘流液达到一致，这样样本中红细胞的存在就不会对白细胞的检测造成影响。

**3. 光散射与细胞化学联合检测技术**　应用光散射与细胞化学染色技术对白细胞进行分类计数。由于不同细胞的体积存在一定差异，体积大小不同的细胞对光的散射强度不同；五种白细胞中除嗜碱性粒细胞外，其余四种都存在过氧化物酶，但是其活性存在一定差异，依据过氧化物酶活性从强到弱排列，依次是嗜碱性粒细胞、中性粒细胞、单核细胞、淋巴细胞，因此可以通过过氧化物酶染色技术，对嗜碱性粒细胞、中性粒细胞、单核细胞、淋巴细胞进行分类。从而通过光散射与细胞化学染色技术对白细胞完成分类计数。

**4. 电阻抗、射频与细胞化学联合检测技术**　利用电阻抗、射频和细胞化学染色技术，通过四个不同的检测通道，实现对白细胞和幼稚细胞分类和计数的效果。此类仪器一共有四个不同的检测系统，将待测样本用特殊细胞染色技术处理后，再依据细胞大小和核内颗粒的密度等，对白细胞和幼稚细胞进行分类和计数。

（1）淋巴、单核、粒细胞检测系统　采用电阻抗与射频联合检测技术。在检测中使用作用温和的溶血剂，此类溶血剂一方面可以将红细胞裂解，另一方面对白细胞形态及细胞核影响不大，在检测中白细胞形态不受影响。小孔检测器内、外设有两个发射器：直流发射器和高频发射器。由于直流电不能到达细胞内部，因此无法对细胞质和核质情况进行区分，而高频电能够进入细胞内，并可以对细胞核大小和颗粒多少进行测定，所以通过这两种不同的电脉冲信号的个数及幅值大小，可综合反映细胞数量、体积大小以及细胞核内颗粒密度情况。如果以细胞大小为横坐标，细胞核内颗粒的密度为纵坐标，被检测细胞将被定位在二维散点图上。由于单核细胞、淋巴细胞、粒细胞的体积大小、细胞核形态、细胞质含量、核形颗粒密度都有很大差别，所以可以计算分析得出各类细胞所占的比例。

（2）嗜酸性粒细胞检测系统　利用电阻抗原理对嗜酸性粒细胞进行计数。被检血液通过分血器分血后与专用溶血剂进行混合，专用溶血剂使嗜酸性粒细胞以外的其他细胞均溶解或者萎缩，最后只有含完整嗜酸性粒细胞的悬液经过电阻抗电路，从而实现对嗜酸性粒细胞的计数。

（3）嗜碱性粒细胞检测系统　同样是利用电阻抗原理进行计数。被检样本通过分血器分血后与专用溶血剂进行混合，这里的专用溶血剂使嗜碱性粒细胞以外的其他细胞均溶解或者萎缩，最后只有含完整嗜碱性粒细胞的悬液经过电阻抗电路，从而实现对嗜碱性粒细胞的计数。

（4）幼稚细胞检测系统　利用幼稚细胞膜上的脂质较少的特点，在细胞悬液中添加硫化氨基酸，由于幼稚细胞膜与成熟细胞膜上脂质占位不同，因此结合在幼稚细胞膜上的硫化氨基酸比成熟细胞膜上多。硫化氨基酸会保护细胞形态不受溶血剂破坏，所以当加入溶血剂时，幼稚细胞由于硫化氨基酸的保护未被破坏，而成熟红细胞则被溶解破坏。因此，通过此系统可以对幼稚细胞进行计数。

## 三、血细胞分析仪的基本结构

不同类型的血细胞分析仪的工作原理和功能会有所差异，结构上也会有所不同。一般主要分为电子系统、血细胞检测系统、血红蛋白检测系统、机械系统和计算机控制系统等结构。

### （一）电子系统

电子系统主要包括主电源、自动真空泵控制系统、仪器自动监控装置、电子元器件、温度控制装置、显示装置、故障报警及故障排除装置等。

### （二）血细胞检测系统

**1. 电阻抗型检测系统** 主要包括检测器、放大器、阈值调节器、甄别器、检测计数系统和自动补偿装置等。以下具体介绍每一部分的构成及作用。

（1）检测器 由测样杯小孔管或者微孔板片、内外部电极片等组成。检测器一般配有两个孔径不同的小孔管，其中一个小孔管的微孔直径约为80μm，主要用来对红细胞和血小板进行测定，另外一个小孔管微孔直径约为100μm，主要用来对白细胞总数及分类计数进行测定。一般外部电极上会安装热敏电阻，用来监测补偿稀释液的温度，如果温度增高，会使稀释液的导电性增加，所测得的脉冲信号幅值将变小。

（2）放大器 可以将血细胞通过微孔时产生的微伏级脉冲电信号进行放大，一般可以放大为伏级的脉冲信号，从而方便触发下一级电路。

（3）阈值调节器 可以对设定阈值进行调节。仪器在计数不同类细胞时设定的阈值不同，因此需要阈值调节器配合，也可以与甄别器配合使用，避免非计数细胞产生的假信号传入计数系统。

（4）甄别器 可以对检测到的脉冲信号幅度进行整形和甄别。甄别器根据阈值调节器提供的参考电平数值，将检测到的脉冲信号传入设定的检测通道中，每个电脉冲的振幅要求必须位于每个通道参考电平之内。白细胞、红细胞、血小板所产生的电脉冲信号分别通过各自的甄别器进行识别，之后再分别进行计数。

（5）检测计数系统 对经过信号放大、阈值、甄别及整形过的电脉冲信号进行计数，并且可以根据信号大小与体积的关系对白细胞进行分群。在进行血细胞分析时，一般红细胞和血小板为一个检测通道，白细胞为一个检测通道，它们在各自检测通道中分别进行检测计数。

（6）自动补偿装置 对于理想的检测系统，在检测时细胞应是单个匀速通过检测孔，每个细胞通过微孔时会产生一个电脉冲信号，通过计数电脉冲信号数量得到对应细胞的数量。但是，在实际检测过程中常常会出现两个甚至多个细胞同时通过小孔的现象，但是这种情况下系统也只能产生一个电脉冲信号，从而造成多个电脉冲信号丢失，这种情况下所测得的数据就会偏低，该现象被称为复合通道丢失或者重叠损失。现代血细胞分析仪都会对复合通道丢失进行自动校正，从而保证数据结果的准确性。

**2. 流式光散射检测系统** 主要由激光光源、检测装置、检测器、放大器、阈值调节器、甄别器、检测计数系统和自动补偿装置等组成。此类检测系统主要用于五分类和网织红细胞计数中。

（1）激光光源 一般采用氩离子激光器或者半导体激光器作为单色光光源。

（2）检测装置 采用鞘流形式的装置，从而保证被检测细胞单个排列通过检测区域。

（3）检测器 主要分为散射光检测器和荧光检测器两种。散射光检测器主要使用光电二极管，用来收集激光照射细胞后产生的散射光信号；荧光检测器主要使用光电倍增管，用来接收激光照射被染色的细胞后产生的荧光信号。

### （三）血红蛋白检测系统

血红蛋白检测原理为光电比色原理，因此血红蛋白检测系统主要包括光源、透镜、滤光片、流动比色皿和光电传感器等。

### （四）机械系统

机械系统主要由机械装置和真空泵两大部分组成。机械装置主要包含进样针、稀释器、混匀器、分皿器、定量装置、进出样轨道等，机械系统的主要作用是体现在对样本的定量吸取、样本的稀释和混匀，以及混匀后将混悬液送入各个检测通道中。此外，机械系统还具备废液排出和管道清洗的作用。

### （五）计算机控制系统

计算机控制系统主要是对血细胞分析测定的数据进行采集、分析、处理及保存，也可以对血细胞分析下达各种指令。

## 四、血细胞分析仪的性能指标

血细胞分析仪性能指标主要包含测试参数、细胞形态学分析、测试速度、样本量、示值范围等指标。

**1. 测试参数**　不同型号的血细胞分析仪测试参数数量不同，测试数量 16 ~ 46 个不等，自动化程度低的血细胞分析仪测定的参数量较少，自动化程度高的血细胞分析仪测试的参数数量较多（表 1 - 1）。

表 1 - 1　血细胞分析仪测试参数

| 类型 | 主要测试参数 | |
| --- | --- | --- |
| | 基本参数/英文缩写 | 相关参数 |
| 白细胞 | 白细胞计数/WBC | 中性粒细胞百分率/NEUT% |
| | 中性粒细胞数/NEUT# | 淋巴细胞百分率/LYMPH% |
| | 淋巴细胞数/LYMPH# | 单核细胞百分率/MONO% |
| | 单核细胞数/MONO# | 嗜酸性粒细胞百分率/EO% |
| | 嗜酸性粒细胞数/EO# | 嗜碱性粒细胞百分率/BASO% |
| | 嗜碱性粒细胞数/BASO# | |
| 红细胞 | 红细胞计数/RBC | 平均红细胞体积/MCV |
| | 血红蛋白定量/HGB | 平均红细胞血红蛋白含量/MCH |
| | 血细胞比容/HCT | 平均红细胞血红蛋白浓度/MCHC |
| | | 红细胞体积分布宽度/RDW |
| | | 红细胞血红蛋白分布宽度/HDW |
| 血小板 | 血小板计数/PLT | 平均血小板体积/MPV |
| | | 血小板比容/PCT |
| | | 血小板体积分布宽度/PDW |

**2. 细胞形态学分析**　不同类型的血细胞分析仪形态学分析有所不同，三分群血细胞分析仪只能绘制红细胞、白细胞、血小板直方图；五分群血细胞分析仪能够绘制各细胞分类散点图和直方图。

**3. 测试速度**　一般在 40 ~ 150 个/小时。

**4. 样本量**　血细胞分析仪一般能做静脉抗凝血测试和末梢血计数，样本量与血细胞分析仪设计有关，一般在 20 ~ 250μl 不等。

**5. 示值范围**　血细胞分析仪主要测试指标的示值范围：红细胞（0 ~ 7.7）× $10^{12}$/L，白细胞（0 ~ 250）× $10^9$/L，血小板（0 ~ 2000）× $10^9$/L，血红蛋白（0 ~ 230）g/L。

## 五、血细胞分析仪的技术要求

2017年3月28日，国家食品药品监督管理总局发布了血液分析仪的行业标准 YY/T 0653—2017，代替 YY/T 0653—2008，于2018年4月1日开始正式实施。此标准仅适用于对人类血液中有形成分进行分析，并提供相关信息的血液分析仪，但是不适用于网织红细胞项目检测。此标准中详细规定了血液分析仪的各项技术要求及其检测方法。血细胞分析仪主要技术要求如下。

**1. 正常工作条件**

（1）电源电压 220V±22V，50Hz±1Hz。

（2）环境温度 18~25℃。

（3）相对湿度 ≤80%。

（4）大气压力 86.0~106.0kPa。

（5）若以上条件与制造商标称的条件不一致时，以产品规定的条件为准。

**2. 空白计数** 应符合表1-2要求。

表1-2 空白计数要求

| 参数 | 空白计数要求 |
| --- | --- |
| WBC | ≤0.5×10⁹/L |
| RBC | ≤0.05×10¹²/L |
| HGB | ≤2g/L |
| PLT | ≤10×10⁹/L |

**3. 线性** 线性范围、线性偏差及线性相关系数应符合表1-3的要求。

表1-3 分析仪线性范围

| 参数 | 线性范围 | 允许偏差范围 | 线性相关系数 r |
| --- | --- | --- | --- |
| WBC | (1.0~10.0)×10⁹/L | 不超过±0.5×10⁹/L | ≥0.990 |
| | (10.1~99.9)×10⁹/L | 不超过±5% | |
| RBC | (0.30~1.00)×10¹²/L | 不超过±0.05×10¹²/L | ≥0.990 |
| | (1.01~7.00)×10¹²/L | 不超过±5% | |
| HGB | 20~70g/L | 不超过±2g/L | ≥0.990 |
| | 71~200g/L | 不超过±3% | |
| PLT | (20~100)×10⁹/L | 不超过±10×10⁹/L | ≥0.990 |
| | (101~999)×10⁹/L | 不超过±10% | |

**4. 准确度** 应满足表1-4的要求。

表1-4 准确度要求

| 参数 | 检测范围 | 允许相对偏差范围（%） |
| --- | --- | --- |
| WBC | (3.5~9.5)×10⁹/L | 不超过±15.0 |
| RBC | (3.8~5.8)×10¹²/L | 不超过±6.0 |
| HGB | 115~175g/L | 不超过±6.0 |
| PLT | (125~350)×10⁹/L | 不超过±20.0 |
| HCT 或 MCV | 35%~50%（HTC）或 82~100fl（MCV） | 不超过±9.0（HCT）或±7.0（MCV） |

**5. 半自动分析仪计数要求**

（1）精密度    应符合表 1-5 的要求。

表 1-5    精密度要求

| 参数 | 检测范围 | 精密度（%） |
|---|---|---|
| WBC | $(3.5 \sim 9.5) \times 10^9/L$ | ≤6.0 |
| RBC | $(3.8 \sim 5.8) \times 10^{12}/L$ | ≤3.0 |
| HGB | $115 \sim 175 g/L$ | ≤2.5 |
| PLT | $(125 \sim 350) \times 10^9/L$ | ≤10.0 |
| HCT 或 MCV | 35% ~ 50%（HTC）或 82 ~ 100fl（MCV） | ≤3.0 |

（2）携带污染率    应符合表 1-6 的要求。

表 1-6    携带污染率要求

| 参数 | 携带污染率要求（%） |
|---|---|
| WBC | ≤1.5 |
| RBC | ≤1.0 |
| HGB | ≤1.0 |
| PLT | ≤3.0 |

（3）直方图

1）二分群分析仪：对正常人新鲜血测量的直方图上，应能明确显示大、小二群细胞，并可报告百分比结果。

2）三分群分析仪；对正常人新鲜血测量的直方图上，应能明确显示大、中、小三群细胞，并可报告百分比结果。

**6. 全自动分析仪计数要求**

（1）精密度    分析仪的精密度应符合表 1-7 的要求。

表 1-7    精密度要求

| 参数 | 检测范围 | 精密度（%） |
|---|---|---|
| WBC | $(3.5 \sim 9.5) \times 10^9/L$ | ≤4.0 |
| RBC | $(3.8 \sim 5.8) \times 10^{12}/L$ | ≤2.0 |
| HGB | $115 \sim 175 g/L$ | ≤2.0 |
| PLT | $(125 \sim 350) \times 10^9/L$ | ≤8.0 |
| HCT 或 MCV | 35% ~ 50%（HTC）或 82 ~ 100fl（MCV） | ≤3.0 |

（2）五分类分析仪白细胞分类准确性    分析仪对中性粒细胞、淋巴细胞、单核细胞、嗜酸细胞和嗜碱细胞测量结果，应在按照 YY/T 0653—2017 标准附录 A 试验方法所得结果的允许范围之内（99%可信区间）。

注：当参考方法检测结果为 0，而分析仪检测结果≤1.0%时，检测结论为合格。

（3）携带污染率    应符合表 1-8 的要求。

表 1-8 携带污染率要求

| 参数 | 携带污染率要求（%） |
| --- | --- |
| WBC | ≤3.5 |
| RBC | ≤2.0 |
| HGB | ≤2.0 |
| PLT | ≤5.0 |

## 六、血细胞分析仪的保养与维护

血细胞分析仪结构复杂，包括机械系统、电子系统、血细胞检测系统、血红蛋白检测系统以及计算机控制系统等，因此仪器在工作中容易受多种因素的干扰。在仪器使用前要仔细阅读仪器的操作规程，使用中要严格按照操作规程进行操作，使用后要对仪器进行日常的保养和维护。血细胞分析仪保养包括每日保养、每周保养、每月保养；主要针对检测系统、液路系统和机械传动部件进行维护。良好的工作环境、正确的操作和严格的保养维护流程可以确保仪器正常、稳定运行。

### （一）仪器的保养

**1. 每日保养** 每天血细胞分析仪开机后，首先需要对分析仪进行清洗，全自动血细胞分析仪可以通过系统设置自动清洗，这样每当仪器检测数量到达系统设置的样本数量时，就会自动对血细胞分析仪进行清洗。每天关机前需要检查血细胞分析仪的废液桶，清空废液桶中液体，并用专用关机清洗液进行清洗，仪器关闭后，断开电源开关。

**2. 每周保养** 每周需要对血细胞分析仪进行一次整机清洁，主要针对进样针、比色池以及管路系统进行清洁。同时检查废液桶，将废液桶中废液全部倾倒，并清洗废液桶。

**3. 每月保养** 每月需要对血细胞分析仪的检测器和废液桶进行一次彻底清洗，确保检测器及废液桶的清洁。同时需要对进样池、进样架、分析通道等进行清洁，通常用蘸有酒精的棉签对采样针和拭子上的污渍进行擦拭清洁。对于机械部分需要进行检查并添加润滑油。

### （二）仪器的维护

**1. 检测器维护** 检测器的微孔是血细胞计数的重要装置，由于其孔径很小，在日常使用中很容易发生堵塞的现象，是仪器故障常发部位。因此，需要在日常工作中对检测器微孔做好重点维护。随着技术的发展，很多全自动血细胞分析仪已经可以完成自动保养。对于半自动化血细胞分析仪，则需要按照仪器使用说明书进行手工保养，清洗中确保小孔管完全浸泡于新的稀释液中，每日工作完成后，需要用清洗剂清洗检测器至少 3 次，同时把检测器放在清洗剂中浸泡，对于检测器一般用 3%~5% 次氯酸钠溶液浸泡清洗。

**2. 液路维护** 主要目的是确保液路内部的清洁，防止细微杂质引起计数误差。在对液路清洗时，在样品杯中加入 20ml 机器专用清洗液，按动计数键，使比色池、定量装置以及管路中充满清洗液，然后关闭仪器电源开关，浸泡一晚上，第二天开机后仪器执行自动冲洗功能，再用稀释液进行反复冲洗。如果仪器长期不使用，要将稀释液导管、清洗剂导管、溶血剂导管等放在去离子水或纯水中，按数次计数键，将管道内的稀释液冲洗掉，并充满去离子水，最后关机。

**3. 机械传动部件维护** 定期对机械传动装置周围的灰尘、污物等进行清除，并且给传动装置添加润滑油，从而减少部件间的磨损，延长部件的使用寿命。

**4. 其他部件维护** 每天工作结束后需要对进样槽、清洗杯进行检查。如果穿刺针托盘中有残留的污垢，需要将主机电源关闭，用流动的清水清洗进样槽，清洗干净后将进样槽擦干净。清洗杯上如果粘连一些血液或者出现堵塞现象时，需要关闭主机电源并取下清洗杯，用流动的清水进行清洗。

血细胞分析仪作为一种自动化设备，其精密度非常高，能够避免以往设备应用于检验中存在的诸多缺陷，大大降低了失误发生概率。对于需要进行血细胞检验的患者而言，高质量、高准确率的检验方法是确保其得到相应治疗的第一步骤和关键环节，血细胞分析仪符合日益提升的人们对健康的需求和临床高效率工作标准，是一种科学、高效的检验设备。随着医疗设备技术水平的提升和检验人员自身水平及素质的提高，血细胞分析仪能够更好地服务临床工作，为检验医学发展提供强有力的保证。

# 第二节　流式细胞仪

## 一、流式细胞仪概述

流式细胞检验技术是以流式细胞仪为主要分析设备的一种临床医学检验技术，是检验医学发展的又一新技术平台。临床流式细胞学检验技术可分析多种标本，如血液、血清、骨髓、胸腔积液、腹腔积液、实体组织等，可以对存在于细胞表面或内部的蛋白质、细胞内的 DNA 或 RNA，以及液体标本中的蛋白质或多肽类等物质含量进行测定。

流式细胞仪是以激光为光源，集流体力学、电子物理技术、光电测量技术、计算机技术、细胞荧光化学技术和单克隆抗体技术等为一体的新型高科技仪器。流式细胞术是在单细胞水平上，对于处在快速直线流动状态中的大量生物颗粒进行多参数、快速定量分析和分选的技术。生物学颗粒包括大的免疫复合物、DNA、RNA、蛋白质、病毒颗粒、脂质体、细胞器、细菌、真菌、染色体、真核细胞、杂交细胞、聚集细胞等，所检测的生物颗粒理化性质包括细胞大小、细胞形态、胞质颗粒化程度、DNA 含量、总蛋白质含量、细胞膜完整性和酶活性等。主要特点是能在保持细胞及细胞器或微粒的结构、功能不被破坏的状态下，经荧光探针的协助，从分子水平上获取多种信号对细胞进行定性、定量分析或纯化分选，对疾病的辅助诊断与鉴别、病情判断、疗效监测与预后判断、疾病的预防与控制发挥着重要作用。

### （一）流式细胞仪发展史

1930 年，Casperrsson 和 Thorell 开始致力于细胞的计数；1934 年，Moldaven 是世界上最早设想使细胞检测自动化的人，他使悬浮的血红细胞从一个毛细玻璃管中流过，每个通过的细胞可以被一个光电装置记录下来，这是流式细胞仪的最初模型；1936 年，Caspersson 等引入显微光度术；1940 年，Coons 提出用结合荧光素的抗体来标记细胞内的特定蛋白；1947 年，Guclcer 运用层流和湍流原理研制烟雾微粒计数器；1949 年，Coulter 提出在悬液中计数粒子的方法并获得专利；1950 年，Caspersson 用显微分光光度计在紫外（UV）和可见光光谱区检测细胞；1953 年，Croslannd-Taylor 应用分层鞘流原理，成功地设计出红细胞光学自动计数器；1953 年，Parker 和 Horst 描述出一种全血细胞计数器装置，成为流式细胞仪的雏形；1954 年，Beirne 和 Hutchcon 发明光电粒子计数器；1959 年，B 型 Coulter 计数器问世；1965 年，Kamentsky 用紫外吸收和可见光散射两个参数的同时测量未染色的细胞，得到了细胞中核酸的含量和细胞的大小，奠定了多参数流式细胞分析仪器的基础；1967 年，Van Dilla 和 Los Alomas 采用 Crosland Taylor 设计的层流流动室和氩离子激光器，开发出液流束、照明光轴、检测系统三者互相垂直的流式细胞分析仪，成为目前各种流式细胞分析仪器的基础；1969 年，Fulwyler 利用 Sweet 的静电墨水喷射液滴偏转技术，建立了流式细胞分选术。Ehrlich 和 Wheeless 利用飞点扫描技术和缝扫描技术，使零分辨率的流式细胞分析仪变成低分辨率的流式细胞分析仪。1975 年，Kochler 和 Milstein 提出单克隆抗体技术，为细胞研究中大量的特异性免疫试剂的应用奠定基础。现今随着光电技术的进一步发展，流式细胞仪已开始向模块化发展，即它的光学系统、检测器单元和电子系统都可以按照实验要求随意更换。进入 21 世纪，流式细胞术已日臻完善，成为分析细胞学领域中无可替代的重要工具。

### （二）流式细胞仪的分类

概括来说，流式细胞术是对于处在快速直线流动状态中的细胞或生物颗粒进行多参数、快速定量分析和分选的一种技术。随着各项相关技术的迅速发展，流式细胞仪技术已经成为日益完善的细胞分析和分选的重要工具。流式细胞仪主要分为三大类。

**1. 台式机** 临床型。其特点为仪器的光路调节系统固定，每天开机不需要进行过多的调整，适合临床细胞免疫分型检测和 DNA 分析等。自动化程度高，操作简便。

**2. 大型机** 科研型。其特点为分辨率高，除可完成临床型仪器的检测项目外，还可进行细胞内 pH、膜电位、染色体核型分析等工作；可快速将所感兴趣的细胞分选出来，并可以将单个细胞或指定个数的细胞分选到特定的培养孔或培养板上；同时可选配多种波长和类型的激光器，适用于更广泛、更灵活的科学研究中。但这种机型每天开机时需要进行调整，需要有经验的人员操作。

**3. 新型流式细胞仪** 随着激光技术的不断发展，仪器选用 2 ~ 4 根激光管，最多检测 13 个荧光参数，加上散射光信号可达到 15 个参数的同时分析。可以实现高速分选，速度达到 50000 个/秒，并可进行遥控分选，能够满足多种科学研究的要求。

### （三）流式细胞仪的临床应用

流式细胞仪的主要功能：①进行细胞多参量分析，包括细胞大小、形状、蛋白荧光、膜的结构、流动性、微黏度、膜电位、酶活度、钙离子含量、染色质结构、pH、染色质结构、DNA 合成、碱基比例等；②进行细胞表型分析；③进行细胞分选、DNA 含量分析以及细胞分化周期分析等。随着对流式细胞仪研究的日益深入，其价值已经从科学研究上升进入临床应用阶段，在我国临床医学领域里已有广泛的应用。

**1. 在肿瘤学中的应用** 这是流式细胞仪在临床医学中应用最早的一个领域。目前可用于：①发现癌前病变，协助肿瘤早期诊断；②肿瘤的诊断、预后判断和治疗。

不仅可对恶性肿瘤 DNA 含量进行分析，还可根据化疗过程中肿瘤 DNA 分布直方图的变化去评估疗效，了解细胞动力学变化，对肿瘤化疗具有重要的意义。临床医师还可以根据细胞周期各时相的分布情况，依据化疗药物对细胞动力学的干扰理论，设计最佳的治疗方案，可以从 DNA 直方图直接地看到瘤细胞的杀伤变化，及时选用有效的药物，对瘤细胞达到最大的杀伤效果。此外，流式细胞仪近几年还被应用于细胞凋亡和多药耐药基因的研究中。

**2. 在临床细胞免疫中的应用** 流式细胞仪通过荧光抗原抗体检测技术，对细胞表面抗原进行细胞分类和亚群分析。这一技术对于人体细胞免疫功能的评估以及各种血液病、肿瘤的诊断和治疗有重要作用。如可以监测肾移植后患者的肾排斥反应，也可用于艾滋病的诊断和治疗中。目前，流式细胞仪用的各种单克隆抗体试剂已经发展到百余种，可以对各种血细胞和组织细胞的表型进行测定分析。

## 二、流式细胞仪的基本原理

在流动室里，磷酸盐缓冲液在高压下从鞘液管中喷出，同时把经荧光素标记或特异性抗体染色的单细胞悬液加入样品管，压入流动室。由于鞘液管入口方向与待测样品流向成一定角度，鞘液能包绕样品高速流动，从而使样品和鞘液分别形成轴流层和层流层。由于样品和鞘液所形成的流层间存在气压差，故使细胞依次排列从喷嘴喷出，与水平方向的检测激光垂直相交。细胞表面或内部标记的荧光素受激光照射后发出荧光，通过光电倍增管（PMT）检测，同时，激光照射细胞产生散射光，由光电二极管检测。这些检测的信号转换为电信号传入计算机，计算机将所收集的数据快速而精确地计算出来，并以图表的形式直观地显示出来，从而灵敏、准确地获得待测样品的一系列功能参数，实现了细胞的定性和定量分析。

流式细胞仪的分选功能，可以按照所测定的细胞参数，将特定的细胞从细胞群体中分离出来。目前大多数的流式细胞仪分选都采用液滴偏转技术，细胞分选的工作原理：流动室的压电晶体在高频信号控制下产生机械振动，使流过的液流随之产生同频振动，断裂成一连串均匀的液滴，其形成速度为每秒3万个左右，而细胞通过喷嘴的速度为每秒2000个以下，所以一部分液滴中包有细胞。如果该细胞的特性与被选定要进行分选细胞的特性相符合，则仪器在这个被选定的细胞刚形成液滴时就给它加上特定的电荷，未被选定的细胞液滴以及空白液滴不带电荷。带有电荷的液滴向下落入偏转板的高压静电场时，就会偏转落入指定的收集器内，完成细胞分类收集。

## 三、流式细胞仪的基本结构

流式细胞仪的基本结构主要包括五部分：激光源及光束形成系统、流动室及液流驱动系统、光学系统、细胞分选纯化系统、信号检测和分析系统。

### （一）激光源及光束形成系统

现代流式细胞仪的激发光源通常采用激光，激光光源由于其稳定性好、能量高、发散角小而得到广泛应用。特别是近年来，随着激光器的质量不断提高、寿命不断延长，其价格不断下降。以激光器为激发光源已成为主流产品的标准配置。

激光光源按照激光器的种类，可分为气体激光器、染料激光器和半导体激光器。

**1. 气体激光器**　主要有氩离子激光（激发波长488nm）、氦–氖激光（激发波长633nm）、氪离子激光（激发波长647nm）、氦–氩混合气体激光（激发波长568nm）。

**2. 染料激光器**　其工作物质是一种荧光染料的溶液，需要有另外一个泵浦激光器（pump laser）激发才能发出长波长的激光。

**3. 半导体激光器**　是较新的产品，它具有价格低、结构简单、寿命长等诸多优点，是今后激光器的一个发展方向，如能解决功率较低的缺点，将会被更广泛地应用在流式细胞仪产品中。

由于激发光源的宽度大于被测细胞，使得所测结果为整个细胞的信息，无法得到关于细胞形态学方面的信息。为了提高流式细胞仪的分辨率，目前通常在激光光束到达流动室前，设计一个光束形成系统。用聚焦透镜对激光光束聚焦后，可以在照射区得到一个近似扁平的椭圆形光斑，其厚度可达10μm（不同激光器所形成的光斑体积有差异）。这种椭圆形光斑激光能量分布呈正态分布，为保证样品中细胞受到的光照强度一致，必须将样本流与激光束正交，且相交于激光能量分布峰值处。当流动的细胞经过光斑时被激光照射，并产生光散射和发射荧光。如果光斑偏离细胞流中心或细胞流中心偏离光斑时，则无信号或信号较弱，使光散射与荧光测定的结果受影响。台式流式细胞仪的光路调节一般在安装时由工程师调试完成，无须使用者做任何调节。

## （二）流动室及液流驱动系统

流动室是仪器核心部件，被测样品在此与激光相交。流动室由石英玻璃制成，并在石英玻璃中央开一个孔，供细胞单个流过，检测区在该孔的中心，流动室内充满了鞘液，鞘液的作用是将样品流环包，如图1-3所示。样品流在鞘流的环包下形成流体聚焦，使样品流不会脱离液流的轴线方向，并且保证每个细胞通过激光照射区的时间相等，从而得到准确的细胞荧光信息。液流驱动系统由空气泵产生压缩空气，通过鞘流压力调节器加在鞘液上一个恒定的压力，这样鞘液以匀速运动流过流动室，在整个系统运行中流速是不变的。

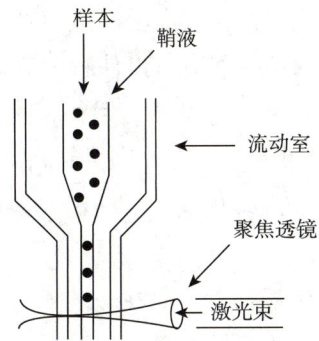

图1-3 流式细胞仪流动式与液流驱动系统示意图

流式细胞仪采用的鞘流技术基于流体力学理论基础。流动的液体可分为稳流和湍流（或称层流）两种状态。1883年，雷诺（Reynolds）发现液体的流动状态有一个分界点，即雷诺数（Re），定义为：在一个直径为 $d$ 的管子内，液体的流速为 $v$，密度为 $\rho$，黏滞系数为 $\eta$，$Re = d\rho v/\eta$。当 Re < 2300 时，液流处于稳流状态；当 Re > 2300 时，液流处于湍流状态，这一发现被称为层流原理。在流式细胞仪中，希望标本流处于稳流状态。如果标本流的直径固定为 $100\mu m$，根据水的密度和黏滞系数代入公式可计算出 $v = 23m/s$，这就是保持标本流稳定的最高速度。考虑到标本流与管壁之间的浸润情况，常把流速限制在 10m/s 以下。由这一原理发展出来的鞘流技术，可以实现两种液体的同轴流动，标本流位于轴心稳定流动，外面包裹有鞘液。标本流在压力系统的作用下，以恒定的速度（一般为 5 ~ 10m/s）从一个细喷嘴喷出，同时鞘液在高压下自鞘液管喷出，根据层流原理，鞘液将处于湍流状态，围绕标本喷嘴高速流动，这样就使得标本流与鞘液流形成稳定的同轴流动状态。由于标本喷嘴处于流动室的中心，就使得标本流在鞘液包裹下恒定处于同轴流动的中心位置，其精度可稳定在几个微米之内。标本流位置的稳定通过调整它与鞘液流速的比例来实现。一般来说，标本流速与鞘液流速的比例在 1 : 50 至几百之间。

为了控制标本流的直径，流动室在设计时还利用了液流的聚焦作用。根据流体力学中的 Bernoulli 定律，当液体流经截面不同的管道时，$S_1 v_1 = S_2 v_2$，$S$、$v$ 分别为两个管道的截面积和液体的流速。在流动室中，$S_1 > S_2$，则 $v_2 > v_1$，。当两个截面积突然发生变化时，液流从截面积大的部分流入截面积小的部分后，并非全部形成平行于管壁的稳流，而是在入口处有一段收缩的区域，这种现象被称为液流聚焦。在流式细胞仪中，常把激光激发点设在此处。由于标本流直径变小，通常为 10 ~ 20μm，可避免多个细胞重叠进入检测区。这时，只要简单地改变待测标本的浓度，就可以设置待测细胞流经激发点时的平均距离，使其分隔达数百微米，从而实现单个细胞的测量。

## （三）光学系统

流式细胞仪的检测是基于对光信号的检测来实现的，包括对荧光的检测和对散射光的检测。因此，在流式细胞仪中，光学系统是最为重要的一个系统，它由光学激发器和光学收集器组成。光学激发器包括激光和透镜，透镜用于形成激光束，并使之聚焦。光学收集器则由若干透镜组成，用于收集粒子发射的光束——激光束相互作用，透镜组和滤片发送激光束至相应的光学探测器。流式细胞仪的光平台提供了一个固定平面，将激光源、光学激发器和收集器控制在一个固定的位置。因而台式机的流动室和光路是固定的，能够保证光斑和样本流自始至终保持恒定。

通常，所需要检测的荧光信号可分为四个光谱范围：绿色光（510～540nm）、黄色光（560～580nm）、橙色光（605～635nm）和红色光（650nm以上）。除此之外，还需要测定散射光信号，其光谱范围取决于激发光光谱。进行光电信号转换的元件为光电倍增管，在各个荧光信号检测通路中都配有特定的带通滤片，它可以使特定波长的光信号通过，称为单色器。

**1. 用作单色器的滤光片**    根据其材质可分为两种：彩色玻璃滤片（也称吸收滤片）和镀膜滤片（也称干涉滤片）。

（1）彩色玻璃滤片    由混入染料的玻璃或塑料制成，只可让特定波长的光通过，而将其他入射光吸收。

（2）镀膜滤片    是在玻璃或石英基质上镀上一层薄薄的绝缘材料，根据镀膜的厚度可使特定光谱通过，而使非特异光谱发生干涉，从而被反射掉。

**2. 流式细胞仪中所用滤光片**    有中性滤片、带阻滤片、带通滤片、长波通滤片、短波通滤片、长波通双色性反射片等。

（1）中性滤片    非选择性，它对各波长的光线均匀衰减，常用在光线过强需要均匀衰减的地方。

（2）带阻滤片    滤除某一特定波长的光线，高于或低于此谱线的光不受影响。

（3）带通滤片    只允许某一特定波长的光线通过，如一个560nm带通滤片只允许560nm黄色荧光通过，而其他波长的荧光全部被阻断。

（4）长波通滤片    只允许某一波长以上的光线通过，而将此波长以下的光线滤掉。

（5）短波通滤片    只允许某一波长以下的光线通过，而将此波长以上的光线滤掉。

（6）长波通二色性反射片    它实际上是一种特殊的滤光片，可以使大于特定波长的光通过而将小于特定波长的光反射。在检测光路中，二色性反射片与光轴成45°，这样可以使荧光平行于光轴通过，然后经聚光镜聚焦后入射到光电倍增管进行荧光信号的检测；同时，侧向散射光被90°反射，经聚焦镜后由光电倍增管进行侧向散射光信号的检测。

激发光波长应尽可能接近荧光染料的激发光谱峰值；检测器应检测尽可能纯的和强的发射荧光；多种荧光同时检测时，每个荧光检测器应只检测一种染料发射的特定荧光。滤片的作用就在于可以实现以上需求。

### （四）细胞分选纯化系统

流式细胞仪的分选功能，可以按照所测定的各个参数将特定的细胞从细胞群体中分离出来。现今，大多数分选系统原理基本相同，都采用液滴偏转技术，结构包括三个部分：液滴的形成、液滴充电与偏转、分选控制。

流动室中的压电晶体在高频信号控制下产生振动，使流过的液流也随之产生同频振动，从喷嘴喷出后断裂成液滴。形成稳定液滴的条件为 $f = v/4.5d$，其中 $f$ 是控制信号频率，$v$ 是液体流速，$d$ 是喷孔直径。例如，当喷嘴的直径为50μm、流速为8～10m/s时，压电晶体的振动频率约为40kHz，也就是说，每秒可产生4万个液滴。假设每秒分选的细胞是1000个，则每40个液滴中才有一个细胞，完全可以保证单细胞分选。对于每秒上万个细胞的高速分选，需要经过特殊设计的仪器，它可以进一步提高标本的流速和振荡频率，在单位时间内产生更多的液滴。因高频振动而断裂的液滴是不带电的，所以做分选时，当液滴将要从液流上断开的时候要给液流充电，这样液滴在断开后也会带有同性电荷。下落的液滴通过一个由平行板电极形成的静电场，带正电荷的液滴向负极偏转，带负电荷的液滴向正极偏转，没有充电的液滴垂直下落。这样就可以将选定的单个细胞分离开。一般情况下，偏转电压为2000～6000V；对于高速分选，偏转电压可达8000V。

为了有选择地分选细胞，需要在细胞通过测量区时判断它是否满足分选条件，即所测细胞的各个参数是否在指定范围内，如果满足就产生一个控制信号，驱动脉冲发生器产生充电脉冲，当满足条件的细胞形成液滴时对它充电。所以充电脉冲并不是在控制信号到来时发出的，而必须是在液滴分离前一刻准确加入。细胞通过检测区到液滴分离的间隔时间被称为延迟时间，它受系统压力、喷嘴的直径、液流的速度、激发区域的位置等多方面因素的影响。精确的延迟时间是保证高质量分选的关键。对大多数电路而言，延迟控制可由单稳态振荡器实现，但在流式细胞仪上多用移位寄存器进行数字延迟，数字控制较模拟控制更精确、调整更方便。

### （五）信号检测和分析系统

当细胞携带荧光素标记物通过激光照射区域时，细胞内不同物质产生不同波长的荧光信号。这些信号以细胞为中心，向空间360°立体角发射，产生散射光和荧光信号。流式细胞仪的电子系统将各种光信号成比例地转换为电信号，并进行数字化处理后传入电子计算机。光电倍增管（PMT）具有较高的灵敏度，常用于收集各种细胞或微球与激光束相互作用产生的较微弱的侧向散射光或荧光信号；光电二极管的灵敏度较低，常用于检测较强的前向散射光信号。信号输出采用线性和对数放大两种方式：对强度变化范围小和代表生物学线性过程的光信号，常用线性放大，如DNA含量检测；免疫荧光检测的信号差别相当大，多用对数放大输出信号。输出信号被转换成不同的电压脉冲，经电压脉冲高度分析和模/数转换，电压转换为通道值。最后由流式细胞仪的输入/输出接口电缆传输至电子计算机，以各种图形（如直方图、散点图等）显示和统计分析。计算机系统用于控制整个仪器的运行和数据采集、数据分析。

计算机系统所运行的软件也是流式细胞仪重要的组成部分，它用于对仪器的硬件部分进行控制，实现数据的采集和分析。

计算机系统主要包括检测数据分析软件、色彩表达程序、多色荧光分析程序、细胞DNA分析程序、分选控制程序、单克隆分选程序、时间参数设置程序等。

## 四、流式细胞仪的技术要求

2017年12月5日，国家食品药品监督管理总局发布了流式细胞仪的行业标准YY/T 0588—2017，代替YY/T 0588—2005，于2018年12月1日开始正式实施。此标准适用于临床使用的对单细胞或其他非生物颗粒膜表面以及内部的生物化学、生物物理特性成分进行定量分析和分选（只限于有分选功能的流式细胞仪）的流式细胞仪。此标准中规定了流式细胞仪的术语和定义、产品分类、技术要求、试验方法、标志、标签和使用说明、包装、运输和贮存。

**1. 正常工作条件**

（1）环境温度　按照流式细胞仪说明书的规定。

（2）相对湿度　按照流式细胞仪说明书的规定。

（3）电源电压　交流220V±22V，50Hz±1Hz。

（4）大气压力　按照流式细胞仪说明书的规定。

（5）防止阳光直射，避免热源。

**2. 荧光检出限**　应符合下列要求。

（1）对异硫氰酸荧光素（FITC）的荧光检出限　应不大于200MESF。

（2）对藻红蛋白（PE）的荧光检出限　应不大于100MESF。

（3）对其他激光器（例如红激光、紫激光、紫外激光、绿激光）所对应通道荧光素（每种激光器至少选择一种荧光素）的荧光检出限　应符合制造商声称的要求。

**3. 荧光线性**　荧光强度线性相关系数（$r$）应不低于0.98。

**4. 前向角散射光检出限**　应不大于1μm。

**5. 仪器分辨率**　前向角散射光和荧光信号的荧光通道全峰宽应满足表1-9的要求。

表1-9　仪器分辨率要求

| 荧光素 | 分辨率要求（$CV$） |
|---|---|
| FSC | ≤3.0% |
| FITC | ≤3.0% |
| PE | ≤3.0% |
| 其他荧光素 | 符合制造商要求 |

**6. 前向角散射光和侧向角散射光分辨率**

（1）应可以将外周血中红细胞和血小板分开。

（2）应可以将外周血白细胞三群（淋巴细胞、单核细胞、粒细胞）分开。

**7. 倍体分析线性**　流式细胞仪进行二倍体细胞周期分析时，$G_2/M$ 与 $G_0/G_1$ 的平均荧光强度比值应在1.95~2.05范围内。

**8. 表面标志物检测准确性**　流式细胞仪检测质控血时，淋巴细胞表面表达的 $CD_3$、$CD_4$、$CD_8$、$CD_{16}/CD_{56}$ 和 $CD_{19}$ 阳性百分比结果应在给定范围内。

**9. 表面标志物检测重复性**　重复检测样品 $CD_3$、$CD_4$、$CD_8$、$CD_{16}/CD_{56}$ 和 $CD_{19}$ 阳性百分比结果的变异系数（$CV$）应符合以下条件：阳性百分比大于等于30%时，$CV$ 值应不大于8%；或阳性百分比小于30%时，$CV$ 值应不大于15%。

**10. 携带污染率**　应不大于0.5%。

**11. 仪器稳定性**　环境温度变化不超过设定温度的5%时，在8小时内检测前向角散射光（FSC）及所有荧光通道峰值荧光道数的波动范围应不超过 ±10%。

## 五、流式血细胞仪的保养与维护

### （一）人员培训

仪器使用前需做好相关操作人员培训工作，包括样本采集、运送、处理、保存、单细胞悬液的制备、单克隆抗体的选择及与细胞结合的比例、细胞活性的检测、细胞表面标记、细胞内标记、膜和胞内同时标记，使使用者了解和掌握每一个影响检测结果的因素和环节。

### （二）仪器的日常操作

经培训合格的检测人员在仪器的日常使用中应根据标准操作规程（standard operation procedure，SOP）做好仪器开关机、日常维护保养和仪器状态监测工作，并做好记录。

**1. 仪器状态监测**　包括开展室内质控监测仪器的稳定性、参加室间质量评价监测仪器的正确性，以及进行仪器比对监测检测结果的可比性。未参加室间质评计划的仪器、同一实验室有两台以上的仪器，均应做仪器间比对，至少每半年进行一次。两仪器比对时应使用配套检测试剂、质控品和校准品，进行规范操作。

**2. 检测结果审核**　具有报告审核资质的检验人员要结合仪器散射光和荧光信号的光电倍增管电压、

增益、颜色补偿等参数的设定，以及对照、设门、样本等情况和患者信息综合考虑，审核并发出报告。对照的设置：未标记荧光的细胞作为空白对照，用于去除被流式细胞仪检测到的细胞自身荧光（自发荧光），也即背景荧光，避免假阳性。已知、已使用过证实为阳性的抗体作为阳性对照，用于确定荧光抗体有效，但并不是每次分析时都必须设置，在使用新的或者存储时间较长的荧光素抗体时，需设阳性对照。单荧光标记对照，两色以上的多色标记，需设置每一种荧光的单一标记对照，用于调节补偿。流式结果中的荧光强弱是一个相对值，光电倍增管电压越大，电信号越强；反之越弱。通过调节电压，使阴性对照管的荧光强度处于阴性的位置。

**3. 仪器日常保养及故障处理**　应严格按照仪器操作规程对仪器进行日常维护保养，必要时由厂家工程师进行特殊的维护保养。

## 目标检测

答案解析

### 一、单选题

1. 血细胞分析仪测定血红蛋白采用的是（　　）。

    A. 光散射原理　　　　B. 光衍射原理　　　　C. 光电比色原理　　　　D. 透射比浊原理

2. 血细胞分析仪常见的堵孔原因不包括（　　）。

    A. 静脉采血不顺，有小凝块　　　　　　B. 严重脂血

    C. 小孔管微孔蛋白沉积多　　　　　　　D. 盐类结晶堵孔

### 二、多选题

1. 联合检测型血细胞分析仪常用的联合检测技术是（　　）。

    A. 容量、电导、光散射联合检测技术

    B. 光散射与细胞化学联合检测技术

    C. 电阻抗、射频与细胞化学联合检测技术

    D. 多角度激光散射、电阻抗联合检测技术

2. 以下属于血细胞分析仪仪器基本结构的是（　　）。

    A. 计算机和键盘控制系统　　　　　　　B. 机械系统、电子系统

    C. 血细胞检测系统　　　　　　　　　　D. 血红蛋白测定系统

### 三、简答题

请简述血细胞分析仪的变阻脉冲法原理。

书网融合……

本章小结

# 第二章　生化分析仪器

PPT

**学习目标**

1. **掌握**　生化分析仪器的基本原理。
2. **熟悉**　生化分析仪器的基本结构及技术要求。
3. **了解**　生化分析仪器的临床应用及保养维护。
4. 学会生化分析仪器保养与维护的基本技能。

**岗位情景模拟**

**情景描述**　生化分析仪可以对血液或其他体液进行分析测定，可以完成肝功能、肾功能、心肌酶等项目的检测。在检测中有时半自动生化分析仪会出现吸光度不稳定或数值偏低的现象。生化分析仪的性能会直接影响检测结果。

**讨论**　1. 什么是吸光度？
2. 半自动生化分析仪光路的构成是怎样的？
3. 造成吸光度不稳定或数值偏低的原因是什么？

## 第一节　生化分析仪

### 一、生化分析仪概述

生化是生物化学（biochemistry）的简称，而在临床上所称的生化是临床化学（clinical chemistry）的简称。生化分析仪，就是采用化学分析方法对临床标本进行检测的仪器。生化分析仪的检测范围很广泛，包括小分子的无机元素（如临床上经常测定的钾、钠、氯、钙离子等）、小分子的有机物质（如葡萄糖、尿素、肌酐等）和大分子物质（如蛋白质）等。所以生化分析仪是临床诊断常用的检测仪器之一。

#### （一）生化分析仪发展史

随着计算机、自动化、机械等专业领域技术的不断发展，生化分析技术也得到了很大提升。生化分析仪器和技术的发展加速了临床医学的发展脚步。

早在19世纪初，已经开始有医院化验人员在血和尿的淀粉酶检测中使用碘比色法，到了20世纪20年代，开始对血液中的胆红素进行检测，20世纪30年代，可以对碱性磷酸酶检测。在此阶段，检验人员采用最原始的手工方法对患者样本进行检测，在检测中也遇到了很多问题，比如样品和试剂的吸取问题，在这个时期只能采用吸管、洗耳球进行吸取。对于样品与试剂的定量也只能依靠检验人员手动进行调节，然后将其分别放入对应的比色杯中。从样本、试剂的量取，到比色调零、比色、记录、数据计算等，都需要检验人员一一手工完成，整个过程费时费力，不仅很烦琐，而且检验结果准确差。

到了 20 世纪 50 年代，国外研制出了早期的生化分析仪器（半自动化的比色计或分光光度计），此类仪器能够自动完成部分操作步骤，比如能够实现自动计算、自动记录数据和自动打印结果，但是加样、保温等环节仍然需要检测人员手动完成，所以这类仪器被称为半自动化生化分析仪。

1957 年，美国医师 Skeggs 等首次提出单通道连续流动式自动生化分析仪设计方案，并由美国 Technicon 公司生产出第一台单通道连续流动式自动分析仪。单通道连续流动式生化分析仪通过比例泵将标本和试剂按照一定比例吸取到管道系统中，通过此方法解决了样本吸取问题。在管道系统中，被测样本和试剂完成混合、分离、保温反应、显色、比色等检测步骤，然后进行数据计算，将测试结果进行显示并打印输出。但是，这类生化分析仪在检测过程中也存在很多问题，比如去蛋白过程耗费时间较长；另外，在检测过程中由于同时多个样本同时在管道中进行检测，会存在样本之间交叉污染的问题，从而使得检测结果的准确性无法保证，限制了此类自动生化分析仪的进一步发展。

20 世纪 70 年代，随着生物化学反应方法和试剂的发展，尤其是酶学测定方法的发展，彻底解决了血清除蛋白过程，血清或者血浆可以直接与试剂进行反应，无须再进行复杂烦琐的去蛋白过程，酶学测定方法为自动生化分析仪发展清除了阻碍，从此生化分析仪进入了快速发展阶段。随着科技发展，仪器的设计越来越新颖，自动化程度越来越高。20 世纪 90 年代以来，高检测速度、高度自动化、多功能组合的大型生化分析仪已经成为现代化实验室的主流仪器。同时很多生化分析仪中引入电化学、免疫化学、发光化学等方法，进一步发展成大型的综合性生化分析仪器。

### （二）生化分析仪的分类

随着自动化控制、新材料、计算机等技术的发展，很多新的技术也被应用到生化分析仪中，生化分析仪的功能也越来越全面，种类也越来越多。生化分析仪的分类方法很多，一般采用如下分类方法。

**1. 按照仪器的复杂程度分类**　生化分析仪一般可以分为小型、中型和大型三类。

（1）小型生化分析仪　一般情况下为单通道。

（2）中型生化分析仪　为单通道或多通道，通常可以同时完成 2～10 个项目的检测，有些仪器可以进行测定项目选择。

（3）大型生化分析仪　都是多通道型，可以同时完成 10 个以上项目检测，检测项目可以根据需求进行选择。

**2. 按照同时可测定项目分类**　生化分析仪可以分为单通道和多通道两类。

（1）单通道生化分析仪　每次只能够完成一个项目的检验，检验项目可以根据需求进行更换。

（2）多通道生化分析仪　可以同时完成多个项目检验。

**3. 按照分析系统的开放程度分类**　生化分析仪可以分为封闭系统和开放系统两大类。

**4. 按照仪器自动化程度分类**　生化分析仪可以分为半自动化生化分析仪和全自动化生化分析仪。

（1）半自动化生化分析仪　可以由仪器自动完成部分操作，但是还是有部分操作需要手动完成，比如部分仪器需要人工完成观测或者样品的传送。

（2）全自动化生化分析仪　全流程由仪器自动完成，整个检验过程中没有手工操作，因此可以减少人为因素带来的误差。另外，全自动化生化分析仪还具备开机自检以及故障提醒等功能，操作更加简便。

**5. 按照反应方式分类**　可以将生化分析仪分为液体生化自动分析仪和干式生化自动分析仪。与常规的液体生化自动分析仪不同，干式生化分析仪是将被测样品直接加到反应片上，反应片上有试剂，因此被测样品就作为溶剂将反应片上的试剂溶解，从而使样品与试剂发生生化学反应，在检测时测定其反射光强度，通过数据分析得到被测样品的检测结果。反应片由于只能使用一次，所以成本相对较高，但是与液体试剂相比更环保，所以干式生化分析仪的发展空间也很大。

**6. 按照各仪器之间的配置关系分类**　可以将生化分析仪分为附加或组合式生化分析仪和单一普通生化分析仪。

（1）附加式生化分析仪　是把具有特殊功能的分立式任一分析仪附加在一起，把一台仪器变成一个实验室，可以达到节省控制系统、显示系统和结果处理系统的效果。

（2）组合式分析仪　把功能相同或者功能不同的大型生化分析仪组合在一起，并用同一台计算机对各仪器进行控制，共同完成对样本的标识、样本的测定和样本数据的处理等。

**7. 按照反应装置的结构分类**　生化分析仪可以分为连续流动式、离心式和分立式三种。

（1）连续流动式生化分析仪　单通道连续流动式自动比色仪是最早的生化分析仪，是根据 Skeggs 在 1957 年提出的设计方案制成的。连续流动式生化分析仪是在同一个管道系统中，完成同一检验项目各待测样本与试剂混合后在管道中发生化学反应。连续流动式生化分析仪在微机控制下，可以通过比例泵按照一定比例将标本和试剂注入管道系统中，透析器将反应管道中的大分子物质（比如蛋白质）与小分子物质（比如葡萄糖）分开，通过混合管将样品与试剂进行充分混合，恒温器将混合液加热到一定温度，经过充分反应后通过光度计检测混合液，之后通过信号放大及数据分析计算，最终将结果进行显示并打印，单通道连续流动式结构如图2-1所示。为了避免样本之间的交叉污染，在管道中样本与样本之间往往用空气段或者试剂空白或者缓冲液进行分隔，采用空气段进行分隔的称为空气分段式，由试剂空白或者缓冲液进行间隔的称为试剂分段式。

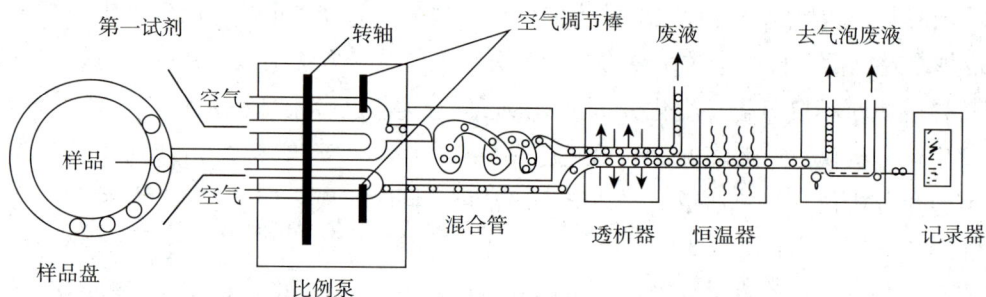

**图2-1　单通道连续流动式生化分析仪结构原理图**

（2）离心式生化分析仪　其圆形化学反应器一般安装在离心机的转子位置，这个圆形反应器通常称为转头。样品和试剂分别被放置于转头内里，当离心机开始转动后，圆盘里的样品和试剂受到离心力的作用而相互混合，样本与试剂发生化学反应，之后流入圆盘外圈的比色槽中，通过比色计对其进行检测，离心式生化分析仪结构如图2-2所示。

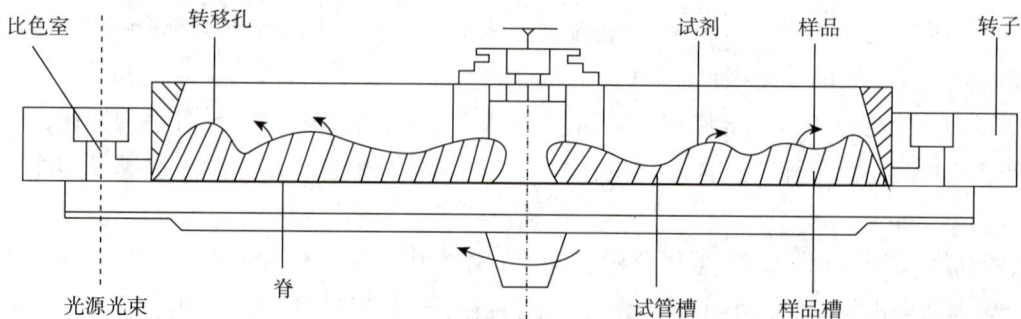

**图2-2　离心式生化分析仪结构原理图**

离心式生化分析仪器主要分成两部分：加样部分和分析部分。

1）加样部分：通常包括样品盘、试剂盘、吸样臂或者吸样管、试剂臂或者加液器、电子控制部分等。

2）分析部分：包括离心机、温度控制装置、光学检测系统、数据处理及显示系统。

（3）分立式生化分析仪　问世于20世纪60年代，是目前国内应用最为广泛的自动生化分析仪。分立式生化分析仪是模拟手工操作流程进行设计的，用机械臂操作代替手工操作，按照手工操作流程依次完成；一般用稀释器代替比例泵进行取样和加试剂，稀释器由采样器和加液器组成；一般没有透析器，在检验中如果需要去除蛋白质，要另外进行处理；其恒温器比连续流动式生化分析仪的要大，因为它需要容纳保温的试管和试管架。

分立式生化分析仪的工作流程大致如下：首先，加样探针从待测标本管中吸取样品，加入各自的比色杯中，之后试剂探针按一定的时间顺序自动从试剂盘吸取试剂，加入上述比色杯中。用搅拌棒进行充分混匀后，在一定的条件下充分反应，反应结束后将反应液吸入流动比色器中进行比色测定，也可以直接将反应杯作为比色器进行比色测定。测定结束后由计算机对数据进行处理，并进行结果分析，最后将检验结果显示并打印出来，分立式生化分析仪结构如图2-3所示。

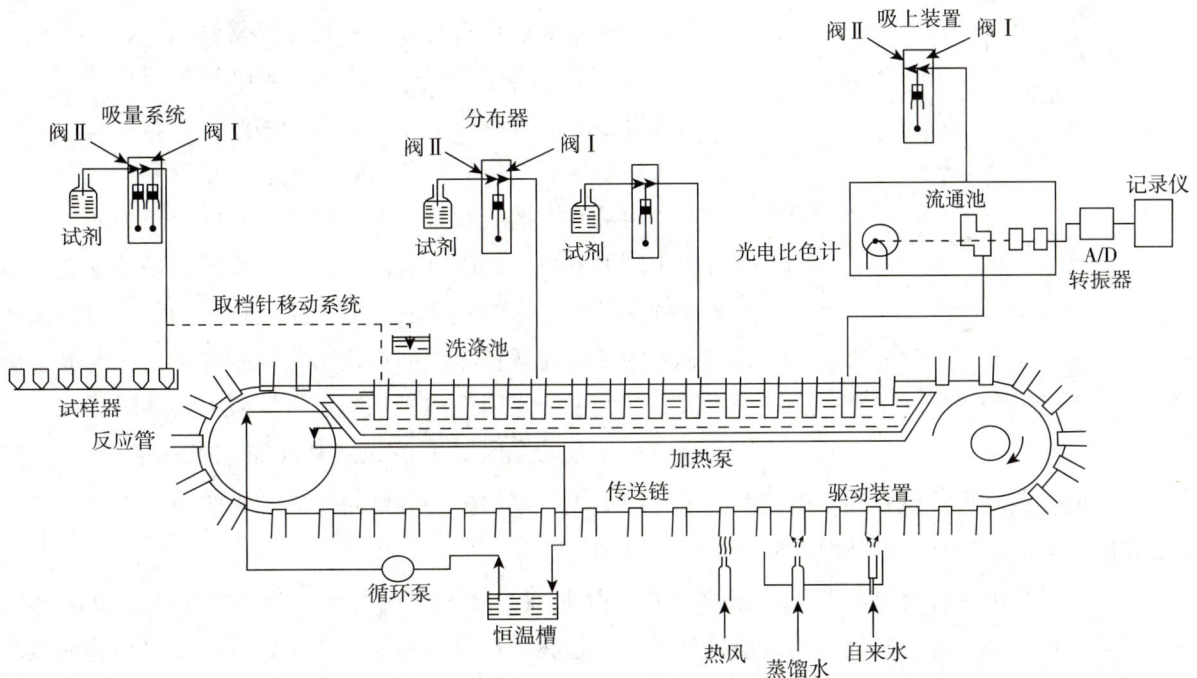

图2-3　分立式生化分析仪结构原理图

### （三）生化分析仪的临床应用

生化分析仪可以对血液或其他体液进行分析测定，生化分析仪能够测定的生化指标包括肝功能、肾功能、葡萄糖、胰腺功能、心肌酶等。生化分析检测结果结合其他临床资料进行综合分析，可以帮助临床医生对患者疾病进行诊断及判断临床治疗的效果。同时随着技术的提升，目前临床生化分析大部分检测已经可以实现自动化分析，自动生化分析仪通过电脑控制，将生化分析中的取样、加试剂、混匀、保温、检测、数据分析、显示及打印等功能全部实现自动化控制，这样不仅提高了生化检测的速度，同时也提高了检测的精密度，减少了实验中的误差，为临床检验的标准化奠定了基础。

## 二、生化分析仪的基本原理

生化分析仪是采用分光光度法或光电比色法对化学反应溶液进行检测，通过计算反应起始点和终点的吸光度变化或反应全过程的吸光度变化速率，对待测成分进行定量分析。在生化分析的定量测定中，朗伯 – 比尔定律是生化分析仪测定原理的基础。

### （一）生化分析仪的光学原理

**1. 光的性质**　光是一种电磁波。物理上可以用振动频率（$f$）、波长（$\lambda$）、速度（$v$）、周期（$T$）来对光波进行描述。日常生活中的白光便是波长在 $400 \sim 760nm$ 之间的电磁波，它是由红、橙、黄、绿、青、蓝、紫等色按照一定比例混合而成的复合光。不同波长的光被人眼所感受到的颜色也是不同的。

光除了具有波动性，光还具有微粒性。在研究光辐射能量时，光是以单个的、一份一份的能量（$E = hv$，$v$ 光的频率，$h$ 为普朗克常量）的形式辐射，此时体现出了光的粒子性。同样，光被吸收时，其能量也是一份一份被吸收的。由公式 $E = hv$ 可以知道，不同波长的光子具有不同的能量。波长越短，即频率越高，具有的能量也越大，反之具有的能量则越小。

图 2 – 4　互补色光示意图

**2. 光的互补及有色物质的显色原理**　如果把某两种颜色的光按照一定的比例进行混合并且能够得到白色光，则这两种颜色的光就称为互补色光。如图 2 – 4 中处于圆直径上的两种光为互补色光。如绿光和紫光、黄光和蓝光等。

眼睛所看到物体的颜色与光的吸收、反射和透射有关，而且有色溶液对光的吸收是有选择性的。不同溶液之所也可以呈现出不同的颜色，是因为溶液中的分子或者离子能够选择性吸收某种颜色的光。实践证明，溶液所呈现的颜色是该溶液主要吸收光的互补光颜色。比如在化学实验中经常用到的高锰酸钾溶液呈现紫色，是因为白光在透过高锰酸钾溶液时绿光被大部分吸收，透过的光中除紫色光外其他颜色光都互为互补色光，所以溶液呈现紫色。另外也发现，随着溶液浓度的增大，高锰酸钾溶液对绿光的吸收也会变多，所以可以利用光通过溶液后被吸收的情况来判断溶液浓度的大小。

对于任何一种溶液，通过实验都可以测出其吸收曲线，吸收曲线的横轴为光的波长，纵轴为吸光度。对于同一种溶液而言，其吸收曲线形状及吸收峰处波长是保持不变的，所以可以根据物质的吸收曲线对物质种类进行鉴定。因此，在利用光电比色法进行测定时，需要使用能够被溶液吸收的那部分光，因此在进行检测前需要将光源发射出的光线变成单色光，一般可以使用滤光片进行滤光，滤光片的颜色应该与待测溶液的颜色为互补色。

**3. 朗伯 – 比尔定律**　又称为光的吸收定律，它由朗伯定律和比尔定律结合而成。溶液颜色的深浅与溶质浓度之间的关系就可以用朗伯 – 比尔定律来描述。

当一束平行单色光照射到均匀、非散射的溶液时，一部分光被吸收，一部分光透过溶液，一部分被反射。根据能量守恒，如果设入射光的强度为 $I_o$，吸收光强度为 $I_a$，反射光的强度为 $I_r$，透过光的强度表示为 $I_t$。则它们之间的关系可以表示为式（2 – 1）：

$$I_o = I_a + I_r + I_t \tag{2 – 1}$$

在实际检测过程中，使用的比色皿是同种材质、同种规格的，比色分析由比色皿所产生的反射光是近似相等的值，因此反射光的影响可以忽略，所以（2-1）式可以将反射光强度项忽略。如果入射光的强度保持一定，被吸收的光的强度越大，则透射光的强度就越小。在光电比色分析中，通常把透射光的强度占入射光强度的百分比称为透过率或透射比，一般用 $T$ 表示，即 $T=(I_t/I_0)\%$。

如果一束平行单色光通过有色溶液，由于一部分光被溶液吸收了，光线的强度就会减弱。溶液的浓度越大、穿过的液层越厚、入射的光线越强，那么溶液吸收光的强度就越多。假如入射光的强度不变，那么光的吸收情况就只与溶液的浓度和液层厚度有关。它们之间的关系可以用式（2-2）表示：

$$A = KCL \qquad (2-2)$$

式中，$A$ 为吸光度，$K$ 为吸光系数，$C$ 为溶液的浓度，$L$ 为液层厚度。

式（2-2）说明：当入射光一定时，溶液的吸光度与溶液的浓度和液层厚度成正比。式（2-2）就是光的吸收定律的数学表达式，又称为朗伯-比尔定律。朗伯-比尔定律是比色分析和其他吸收光谱分析的理论基础。在溶液的种类确定、入射光的波长和温度一定的条件下，吸光系数 $K$ 为定值。$K$ 值越大，说明比色分析时的灵敏度越高。

### 知识链接

#### 朗伯-比尔定律的发展

皮埃尔·布格和约翰·海因里希·朗伯分别在1729年和1760年阐述了物质对光的吸收程度和吸收介质厚度之间的关系。1852年，奥古斯特·比尔又提出光的吸收程度和吸收物质浓度也具有类似关系，二者结合起来就得到有关光吸收的定律，即朗伯-比尔定律。该定律提出以后，科学家们对此定律进行了广泛的验证和探讨，他们发现在一定前提条件下朗伯-比尔定律能够很好地描述物质对光的吸收现象。随着时间的推移，科学家们还发现在入射光单色光不纯、介质不均匀等情况下此定律可能会出现偏离。科学家们不断对此定律进行探讨、研究，从而不断改进和完善了朗伯-比尔定律。

#### （二）生化分析仪的测定原理

光电比色法是指利用光电元器件作为检测器来测定通过有色溶液的透射比或者吸光度，从而获得物质的浓度。光电比色计主要由光源、比色皿、滤光片、光电检测器、放大装置和显示部分组成，如图2-5所示。分光光度法也是根据物质对不同波长的光具有选择性的吸收的特点建立起来的，与光电比色法的主要区别在于获取单色光时用单色器代替了滤光片，从而可以获得光谱范围更窄、连续变化的单色光，检测器的灵敏度和选择性也获得提升。另外，分光光度计所使用的波长范围从可见光区域扩展到红外和紫外光波段，从而扩展了可以测定物质的范围。

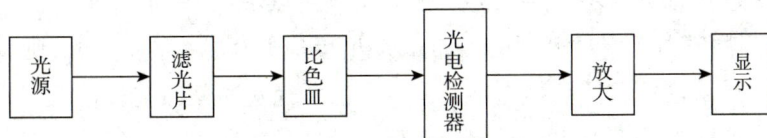

光源 → 滤光片 → 比色皿 → 光电检测器 → 放大 → 显示

图2-5 光电比色分析的基本结构

光源一般采用钨丝灯或卤钨灯提供可见光光谱。钨丝灯是可见光区和近红外区最常用的光源，光谱范围在320~2500m。为了延长钨丝灯泡的使用寿命并减少钨在灯泡壁上的沉积，通常会在钨丝灯中添加卤素或者卤化物，从而提升了光源的性能。为了保证光源发光的稳定性，一般情况下采用直流供电。

　　滤光片和单色器都起到了获取单色光的作用，滤光片可以控制波长或能量的分布，所以可以达到只让一定波长范围内的光通过，而其余波段的光全部被滤掉的效果。通过滤光片光的波长范围越窄，透射比越大，说明滤光片质量越好。单色器是从复合光中提取出纯度较高的单色光的装置，它可以从工作波长范围内选择任意波长的单色光。单色器一般由入光狭缝、色散元件、准直镜、出光狭缝和机械装置组成。

　　比色皿用来盛放比色分析时的样品液。在可见光范围内检测时，比色皿一般用无色光学玻璃或塑料制成；在紫外光区，比色皿经常用石英玻璃来制成。

　　光电检测器可以将光学信号转换成电信号。光电池、光电管、光电倍增管、光敏二极管和光敏三极管都是在检验仪器中最常用的光电检测器。在光电检测器选择时需要考虑以下几个因素：光电转换是否满足恒定的函数关系；灵敏度、反应速度及噪声；波长响应范围。一般情况下，检测器光电转换函数关系越稳定，灵敏度越高、反应速度越快、噪声越小，波长响应范围越宽说明该光电检测器性能越好。

　　光电检测器将光信号转换成电信号后会把信号加到放大电路上，经放大电路放大后，再送到显示装置进行显示。放大电路一般选择带对数放大器的电路。

　　生化分析测定中需要根据化学反应颜色变化或者浊度变化选择一定的检测波长，波长的选择可以是单波长也可以是双波长，现在选用双波长测定方法较多。

　　**1. 单波长测定法**　一般在手工测定或者半自动化测定中使用。在双缩脲终点法测定总蛋白检测中，波长一般选用540nm，在反应前需要检测测定管的吸光度，再测定待测样本的吸光度，计算出反应前后吸光度变化值，通过标准曲线法可以获得总蛋白含量。由于其在检测中存在许多的缺点，所以之后在生化分析时大多使用双波长法。

　　**2. 双波长测定法**　是指在整个检测过程中都使用主波长、副波长两个波长同时进行检测。在检测中需要将每点检测的主波长的吸光度减去同点上副波长的吸光度值。目前，全自动化生化分析仪一般采用双波长法进行检测。双波长法通过求得两个波长的吸光度，可以有效去除样本溶血、黄疸、脂血带来的干扰，并且可以达到降低噪声的效果。双波长法在使用中应该遵循以下原则。

　　（1）吸收峰对应的波长作为主波长，吸收光光谱曲线的波谷对应的波长作为副波长，这样主波长与副波长处吸光度之差最大，从而可以达到提高检测灵敏度的效果。

　　（2）吸收峰对应的波长作为主波长，取等吸收点对应的波长作为副波长。等吸收点是指不同浓度的待测物吸收光谱曲线的交叉点，这个点对应波长的吸光度与物质的浓度无关。

　　（3）显色产物的吸收峰对应的波长作为主波长，试剂空白的吸收峰对应的波长作为副波长。

　　总而言之，在双波长测定中干扰因素对主波长和副波长的影响要接近，不能影响测定的灵敏度。

### （三）生化分析的常用方法

　　生化分析的常用方法包括终点法（一点终点法、两点终点法）、固定时间法和连续监测法。

　　**1. 终点法**　当被测物质在反应过程中已经全部发生反应并生成相应产物，则反应达到终点，根据终点吸光度求出被测物质浓度的方法就称为终点分析方法。通过时间吸光度曲线可以看到，当反应达到终点时或者反应达到平衡时，溶液的吸光度大小不再发生变化。所以在进行检测时可以根据反应终点附近两点的吸光度差值来判断反应是否达到反应终点或者达到平衡。终点法有一点终点法和两点终点法两种。

　　（1）一点终点法　当样本与试剂的混合液经过一定时间反应后到达反应终点，在时间－吸光度曲线上吸光度值不再随着时间变化而改变，这时就可以选择一个终点吸光度值来求待测物质的浓度，这种方法就称为一点终点法（图2-6）。一点终点法可以用于甘油三酯、血糖、血清胆固醇、总蛋白等项目

的检测。计算公式如下:

$$c = (A_m - A_n) \times k \tag{2-3}$$

式中,$c$ 为待测物质的浓度,$A_m$ 为终点读取的吸光度值,$A_n$ 为试剂空白的吸光度值,$k$ 为校准系数。

(2)两点终点法 在检测中需要选定两个吸光度,首先是在被测物反应开始前或者指示反应开始前,选择第一个吸光度值 $A_1$,在反应到达终点或者达到平衡时选择第二个吸光度 $A_2$,用这两个点的吸光度之差计算结果,这个方法就称为两点终点法(图 2-7)。

两点终点法计算公式如下:

$$c = (A_n - k_0 \times A_m) \times k \tag{2-4}$$

式中,$c$ 为待测物质的浓度,$A_n$ 为终点读取的吸光度值,$A_m$ 为加启动试剂的吸光度值,$k$ 为校准系数,$k_0$ 为体积校正因子。

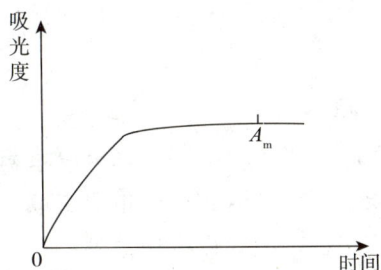

图 2-6 一点终点法

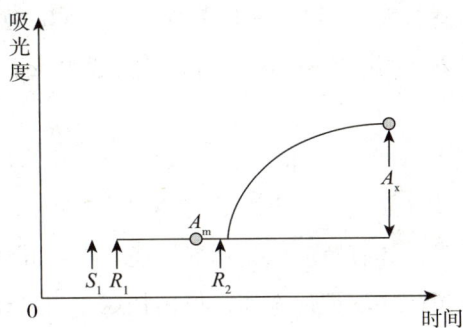

图 2-7 两点终点法

两点终点法能够有效消除黄疸、溶血及脂浊等样品本身带来的影响。总胆固醇、直接胆红素、钙、血清胆固醇等项目通常用两点终点法进行检测。

**2. 速率法** 也称为连续监测法。是一种通过连续测定酶促反应过程中某一种反应物质或者底物的吸光度,根据吸光度随时间的变化求出被测物质的活性或者浓度的方法。速率法又可以分为两点速率法和多点速率法。

(1)两点速率法 是在酶促反应的零级反应期,观察两个点的吸光度变化,用两个吸光度的差值除以时间,从而计算得到每分钟的吸光度变化,获得酶活性或者被测物浓度。

(2)多点速率法 是在酶促反应的零级期,每隔 2~30 秒监测一次,从而求出单位时间内吸光度值的改变量,计算出酶活性或者被测物质的浓度。在计算中经常使用最小二乘法获得单位时间内吸光度值的变化。

**3. 免疫比浊法** 可以分为散射比浊法和透射比浊法,全自动化生化分析仪经常采用透射比浊法。当抗原与其相对应的抗体相遇时,会形成抗原-抗体复合物,并且形成一定的浊度,浊度的大小与样品中抗原的含量成正相关,从而可以测得待测物质的浓度。透射比浊法可以用于微量蛋白、免疫球蛋白、载脂蛋白等血清特种蛋白的检测。

## 三、生化分析仪的基本结构

自动生化分析仪主要由操作部分和分析部分两部分组成。具体可以分为加样系统、检测系统和计算机控制系统。

### （一）加样系统

加样系统一般包括样品盘或者样品架、试剂仓、样本取样单元、试剂取样单元、混匀装置和探针系统等。

**1. 样品盘或者样品架**　进样系统一般有三种形式：固定圆盘或者长条式进样；轨道式或者传送带式进样；链条式进样。每一个样品盘或者样品架可以放置数个样品杯或者 5 ~ 10 个试管。现在很多的仪器可以将原始的试管放置在样品盘或试管架上，该系统同时结合条形码信息管理系统，在进行检测时通过仪器上的条形码阅读装置可以扫描读取出样品信息，计算机则可以根据相应信息控制分析仪进行检测。在没有条形码的情况下也可以手工录入，或条形码与手工录入同时进行。

**2. 试剂仓**　用来放置试剂，不同型号分析仪配置有大小及数量不同的试剂仓，大型仪器或模块化仪器一般情况下有两个或多个试剂仓，并且可以将第一、第二试剂分开进行放置。试剂仓一般带有冷藏装置，使试剂保存在 5 ~ 12℃ 环境下，同时也可以保持一定的湿度，从而避免试剂蒸发。试剂室可以同时放置 20 ~ 50 种不同的试剂。试剂仓也带有条形码装置，通过条形码阅读装置可以自动扫描读取试剂信息。

**3. 取样单元**　加液系统由加样针、加样臂、加样注射器、步进马达组成。

加样针前端一般有液面传感器，它可以通过电阻、电容或电流变化感应液面变化。改进后的智能化探针系统，具有感应液面功能，还具有防止阻塞和自动反冲功能。当探针遇到纤维蛋白块或血凝块堵塞时，将探针移动到冲洗池，使用强压水流向下冲，可以将阻塞的纤维蛋白或血凝块排出。

### （二）检测系统

**1. 光源**　自动生化分析仪的光源一般采用卤素灯和闪烁氙灯。使用最多是卤素钨丝灯，工作波长范围为 325 ~ 800nm。如果需要进行紫外光检测的项目，可以采用氙灯，其工作波长为 285 ~ 750nm。理想光源发出的光谱波长应覆盖常规检测所需要的波长范围，并且发光强度均匀稳定。

**2. 光路和分光装置**　光路系统包括透镜、聚光镜、比色杯和分光元件等。光路包含直射式光路和集束式光路，分光分为前分光和后分光。前分光的光路与一般分光光度计相同：光源→分光元件→样品→检测器；后分光的光路：光源→样品→分光元件→检测器。后分光与传统的前分光的光路不同在于，后分光是将一束混合光先照射到样品杯，通过样品杯后再经过光栅进行分光，然后通过检测器检测所需波长的光的吸收量。

在同一体系中通过后分光技术可以同时测定多种成分，并且不需要对仪器的任何部分进行移动，相对来说稳定性较好。如果选用双波长法或多波长法进行测定，还可大大降低"噪声"干扰，从而提高分析的准确度。

在分光光路中，分光元件一般采用干涉滤光片或者光栅。光栅可以分为全息反射式光栅和蚀刻式凹面光栅两种，全息反射式光栅是在玻璃上覆盖一种金属膜制成，具有一定相差，而且容易被腐蚀；蚀刻式凹面光栅是将所选波长固定刻在凹面玻璃上，没有相差，抗腐蚀性强，同时耐磨损。目前市面上的大部分自动生化分析仪的分光光路使用的是后分光光路系统和蚀刻式凹面的全息光栅。

**3. 比色杯**　是试剂与样本混合并且发生化学反应的场所，所以也称为反应杯。比色杯一般采用塑料、硬质玻璃或者石英制作而成。目前，硬质玻璃比色杯和石英比色杯使用比较普遍，具有透光性好、不易磨损、容易清洁、使用寿命长等优势。比色杯的光径有 0.5cm、0.6cm、1cm 三种，其中 0.5cm 光径的比色杯是使用最为广泛的。大型的生化分析仪具有双圈的多个比色杯转盘，从而加快了检测速度。

**4. 恒温装置**　生化分析仪恒温装置一般有 30℃ 和 37℃ 两种温度可以进行设置，其中 37℃ 固定式比较常见。由于温度对待测样本及样本与试剂间反应影响很大，因此要求恒温装置的温度波动范围应该控制在 ±0.1℃。恒温装置有很多种形式，比如水浴式恒温、空气浴恒温、恒温循环间接加热等。

（1）水浴式恒温装置　可以将温度控制在 37.0℃ ±0.1℃ 的范围，测定期间恒温水浴不断循环流动，并且通过温控装置保持水温处于恒定水平。水浴恒温具有温度均匀稳定的优点，但是也具有一些缺点，比如开机预热需要时间较长，升温速度慢，水质容易出现矿物质沉淀及滋生微生物，从而影响检测。所以，一般会在水浴式恒温系统中安装电机循环部件，并向水中添加防腐剂，并且水浴槽中的沉淀物质需要人工每月清理一次。

（2）空气浴恒温系统　采用氟利昂保证反应槽恒温。反应杯放置在一个金属环上，金属环内部密封有氟利昂，同时设置一块温度控制电路板，控制反应，保持恒温，使反应盘内的温度始终保持在目标温度的 ±0.1℃ 温差范围之内。与水浴恒温系统相比，空气浴恒温装置升温迅速，恒温可靠性强，但是容易受外界环境影响。

（3）恒温循环间接加热法　是最新发展起来的恒温方式，此技术既具有水浴恒温温度稳定、均匀的优势，又具有空气浴升温迅速、无须维护保养的优点。恒温循环间接加热法是将一种无味、无污染、不变质、不蒸发的稳定液在反应杯周围进行循环流动，这种恒温液具有热容量高、蓄热量强、无腐蚀性等优势，从而确保温度均匀稳定。

**5. 清洗装置**　目前，自动生化分析仪器采用的清洗系统主要包括激流式单向冲洗和多步骤冲洗两种。样品探针和试剂探针冲洗时多采用激流式单向冲洗方式，水流为从上往下进行单向冲洗，将探针携带的污物冲向排水口方向，有效的清洗可以避免样本之间的交叉污染，进一步提升检测数据的准确性。清洗系统一般包括：负压吸引装置、清洗管路系统和废液排出装置。

负压吸引装置主要负责清洗液的吸入和排出。真空负压泵通过一个负压阀将空气排出形成一定的负压，清洗液依靠负压作用被定量吸入比色杯中，清洗完毕后应将清洗液尽可能地抽吸干净。生化分析仪的管路都由优质塑料制成的软管构成。为了提高工作效率，大型生化分析仪器的比色杯清洗系统一般都有两套，废液、清洗液以及空白用清水都要通过塑料管进行吸入或排出操作。酸性或碱性清洗液通过管路吸入比色杯中；冲洗池和比色杯清洗后的废水也要通过管路流到生化分析仪器外。可见，清洗管路系统在仪器中起到了非常重要的作用。

### （三）计算机控制系统

计算机是自动生化分析仪器的"大脑"，是仪器的主要部件。计算机控制系统决定了生化分析仪自动化程度的高低、精密度的高低等。自动生化分析仪器通过条形码识读系统，可以自动识别样品架及样品编号，区分试剂及校准品的种类、批号甚至失效期；根据计算机的操作指令生化分析仪，可以自动完成样品和试剂的吸取、样品和试剂的反应、恒温调控、吸光度检测、清洗、数据处理、打印结果、质量控制等操作。自动化分析仪的数据分析，可以通过仪器中的微处理机与实验室信息化管理系统（LIS）进行联网管理，检测结果一经审核确认就可以直接发送到医院信息系统（HIS）中，临床医生在医生工作站就可以看到结果。

## 四、自动生化分析仪的性能指标

自动化生化分析仪的性能指标主要包括自动化程度、分析效率、分析准确度、应用范围等方面。

**1. 分析效率**　全自动生化分析仪的分析效率，是指在分析方法相同的情况下仪器分析速度的快慢，分析效率主要取决于一次测定中可同时测定样品数量的多少和可测项目的多少。不同类型的自动生化分析仪，分析效率存在很大差别。由于单通道自动生化分析仪与离心式自动生化分析仪每次只能检测一个项目，分析效率很低，因此，单通道和离心式自动生化分析仪已经无法满足现代临床实验室发展的需求。目前生化分析仪多选用多通道自动生化分析仪，可以同时检测多个项目，分析效率显著提高。另外，生化分析仪取样以及取试剂的速度也对其分析速率有很大的影响，先进的全自动生化分析仪一般使用样品针和试剂针分别进行加样和加试剂，而模块组合的生化仪，一般有多套样品针和试剂针，这样就可以使取样和取试剂的速率大大提升。

**2. 自动化程度**　是指仪器能够完全替代手工操作完成生物化学检测操作流程的能力。计算机处理功能和软件的智能化程度决定了生化分析仪自动化程度的高低。生化分析仪的自动化程度主要体现在以下几个方面：能否自动处理样本、自动清理、自动加样等；检测速度和同步分析项目的数量；自动报警功能；探针触物保护功能；数据自动分析处理功能；仪器自检功能等。不同的实验室或者医院可以根据实际检测样本量、检验项目数量、检验结果回报速度等要求，选择合适的生化分析仪。

**3. 分析准确度**　是临床检验分析中确保实验检测结果的精密度和准确度的基础，分析准确度由检测仪器、校准品、试剂等共同组成的检测系统决定。比如自动生化分析仪采用先进的液体感应探针和步进马达来确保吸样的准确性；恒温装置可以保证反应温度稳定准确；搅拌装置采用不粘特氟龙涂层的搅拌棒并且结合旋转的搅拌方式，这样既可以将样本与试剂充分混匀，又可以最大限度地减少样本间交叉污染。

**4. 应用范围**　是衡量自动生化分析仪的一个综合性指标，与生化分析仪的结构及原理都有关系。目前，生化分析应用范围主要包括临床生化检验指标、药物监测、各种特异蛋白的分析以及微量元素测定等。分析方法也有很多种，比如分光光度法、浊度比色法、离子选择电极法、荧光法等测定方法。

**5. 其他性能**　自动生化分析仪除了上述的四个性能其实还包含很多其他性能，比如取液量、最小反应体积、消耗品及零配件的供应、仪器的维修保养和途径、配套试剂盒的供应等，在选择生化分析仪时这些性能也都需要进行考虑，从而能够真正地符合实验室实际需要。

## 五、自动生化分析仪的技术要求

2017 年 3 月 28 日，国家食品药品监督管理总局发布了全自动生化分析仪的行业标准 YY/T 0654—2017，代替 YY/T 0654—2008，于 2018 年 4 月 1 日开始正式实施。此标准中规定了全自动生化分析仪的术语和定义、分类、要求、试验方法、标志和使用说明书、包装、运输和储存等。此标准适用于以紫外–可见分光光度法对各种样品进行定量分析的全自动生化分析仪。在此标准中详细规定了全自动生化分析仪的各项技术要求及其检测方法。全自动生化分析仪主要技术要求如下。

**1. 正常工作环境条件**

（1）电源电压　220V ±22V，50Hz ±1Hz。

（2）环境温度　15 ~ 30℃。

（3）相对湿度　40% ~ 85%。

（4）大气压力　86.0 ~ 106.0kPa。

若以上条件与制造商标称的条件不一致时，以产品规定的条件为准。

**2. 杂散光及吸光度线性范围**

（1）吸光度不小于 2.3。

（2）相对偏倚在 ±5% 范围内的最大吸光度应不小于 2.0。

**3. 吸光度准确性**　应符合表 2-1 的要求。

表2-1　吸光度准确度要求

| 吸光度值 | 允许误差 |
|---|---|
| 0.5 | ±0.025 |
| 1.0 | ±0.07 |

**4. 吸光度的稳定性和重复性**

（1）吸光度的变化不应大于0.01。

（2）吸光度的重复性用变异系数表示，不应大于1.5%。

**5. 温度准确度与波动度**　温度值在设定值的±0.3℃内，波动度不大于±0.2℃。

**6. 样品携带污染率与加样准确度和重复性**

（1）样品携带污染率不应大于0.1%。

（2）对仪器标称的样品最小、最大加样量，以及在5μl附近的一个加样量进行检测，加样准确度误差不超过±5%，变异系数不超过2%。对仪器标称的最小、最大加样量进行检测，加样准确度误差不超过±5%，变异系数不超过2%。

**7. 临床项目的批内精密度**　变异系数（CV）应满足表2-2的要求。

表2-2　临床项目批内精密度要求

| 项目名称 | 密度范围 | 变异系数（CV）要求 |
|---|---|---|
| 丙氨酸氨基转移酶（ALT） | 30～50U/L | ≤5% |
| 尿素（UREA） | 7.0～11.0mmol/L | ≤2.5% |
| 总蛋白（TP） | 50.0～70.0g/L | ≤2.5% |

**8. 外观要求**　应满足下列要求。

（1）面板上图形符号和文字应准确、清晰、均匀、不得有划痕。

（2）紧固件连接应牢固可靠，不得有松动。

（3）运动部件应平稳，不应卡住、突跳及显著空回，键组回跳应灵活。

## 六、自动生化分析仪的保养与维护

自动生化分析仪器属于精密的大型分析仪器，要求确保仪器能够正常运行，获得准确、可靠的分析结果，必须有专业的工作人员按照仪器的操作手册和本实验室的标准作业程序（standard operating procedure，SOP）文件要求，对仪器进行严格的管理和保养维护。良好的保养维护有助于延长仪器的使用寿命，降低检测中误差。自动生化分析仪的维护保养一般分为三级，主要包含相关部件的清洗、检查及更换等工作。

### （一）一级保养与维护

一级保养与维护主要包含每日、每周、每月的保养与维护。

**1. 每日保养与维护**　是在每天的开机和关机时进行保养。包括对仪器外部的清洁和常规检查；开机前需要对样品针、试剂针、反应盘进行清洁，检测开机光路，并对管路进行清洗；关机后清洁样品针、试剂针、搅拌棒，清空废液等。自动生化分析仪一般都有关机冲洗功能，可以自动完成反应杯的冲洗工作。每天还要检查外接设备，比如纯水机、计算机工作站、UPS保护电源及废液排放管道等，看是否能正常工作；还要检查实验室的温度和湿度是否符合仪器的工作要求。

**2. 每周保养与维护**　每周需要对自动生化分析仪的比色杯进行彻底清洗，由于比色杯反复使用后，其表面可能会附着难以彻底清洗的物质，这种情况下很有可能造成样本的交叉污染，因此每周需要用专用的反应杯清洗剂对反应杯进行彻底清洗。另外，还需要对比色杯的空白吸光度进行检查，从而对比色杯的透光性和光路系统情况进行检查。对于恒温水浴仪器还要清洗恒温水槽，防止细菌滋生及沉淀的累积。

**3. 每月保养与维护**　每月需要清洗样品盘槽和散热器过滤网、试剂冷藏室、孵育池，清洗供、排水过滤器，校正灯和感测器，及时更换易损坏的部件等。

### （二）二级保养与维护

二级保养与维护主要是针对性保养。进行二级保养时对工作人员能力有一定要求，需要工作人员了解仪器的基本结构，并可以对需要保养的部分进行拆卸，比如加样针使用时间长后可能会出现堵塞的现象，导致无法正常吸取样本，从而造成分析结果错误，甚至可能会出现管道堵塞问题，仪器会发生漏水、溢水的现象，在这种情况下常规的清洗已经达不到效果，需要将元器件拆下进行手工清洗。仪器出现堵塞的原因大多是蛋白凝集造成的，一般可以先采用物理清洗疏通的方法，再用去蛋白液浸泡清除。

### （三）三级保养与维护

三级保养与维护是指更换性保养。自动生化分析仪按照要求需要定期更换一些部件，比如离子电极、光源、试剂和样品注射器活塞头等。光源出现能量降低的情况时，比如出现了405nm波长的吸光度测量误差，这种情况需要及时更换光源。如果管路出现泄漏或者密封垫磨损、老化，需要及时更换密封垫。

自动生化分析仪是一种自动化程度高、精密度高的检验仪器，在使用中应严格遵守操作规程、认真完成定期的保养维护，这样才能够保证仪器的正常运行，延长仪器的使用寿命，确保检测结果的可靠性。

# 第二节　干式生化分析仪

干式生化分析仪属于分立式生化分析的一种，与传统生化分析仪相比，它的主要特点是采用多层薄膜的固相试剂技术，也就是说，把液体样品直接加到已固化于特殊结构的试剂载体中，以样品中的水为溶剂，将固化在载体上的试剂溶解，再与样品中的待测成分进行化学反应，从而获得相应检测项目数据。干化学只是相对于湿化学而言，主要区别在于反应前试剂存在的方式，干化学式实际上也是在潮湿条件下进行的化学反应。

## 一、干式生化分析仪概述

### （一）干式生化分析仪发展史

干化学分析始于1956年，开始主要用于尿糖测定，20世纪80年代第一台干化学分析仪，可以测定血糖、尿素、蛋白质、胆固醇等生化项目。随着化学、酶工程学等多学科高新技术在干化学领域的应用，干式生化分析仪从以前的单项目、半自动分析仪，发展为多项目、自由组合式的多功能分析仪（如钾、钠、氯、蛋白质、氨基转移酶、尿素、肌酐、血糖、胆固醇等），检测速度明显提升，检测准确性更高。当前，应用干化学技术测定的生化项目多达近百个，已广泛应用于常规生化项目、特定蛋白、药物、内分泌激素等多个领域。虽然目前干化学生化仪主要用于急诊检验，但其涵盖的项目已完全可以满足常规临床检验的需要。近些年市面上还出现了将干片式生化分析仪和传统的"湿化学"分析方法整合在一起的干、湿两用分析仪，使得其应用范围更加广泛。

### （二）干式生化分析仪的分类

干化学式自动生化分析仪通常采用多层薄膜固相试剂技术，通过反射光度法（reflectance spectroscopy）和差示电位法（differential potentiometry）对样品检测。反射光度法是指显色反应发生在固相载体，它不遵从朗伯－比尔定律，固相反应膜的上、下界面之间存在多重内反射，应注意予以修正。差示电位法基于传统湿化学分析的离子选择性电极原理，对无机离子测定，由于多层膜是一次性使用，因此既具有离子选择性电极的优点，又避免了通常条件下电极易老化以及样品中蛋白质干扰这些问题的出现。

根据反应原理不同，干化学式自动生化分析仪可分为反射光度法技术分析仪和胶片涂层技术分析仪。反射光度法技术分析仪使用试纸条，由密码磁带、血浆分离区和反应区三部分组成。密码磁带位于试纸条背面，储存了检测项目的检测程序及方法学资料；血浆分离区位于试纸条正面并标为红色，由玻璃纤维和纸层构成，用于阻截红细胞、白细胞；反应区同样位于试纸条正面，血浆通过血浆分离区被转移介质运送到反应区底部进行化学反应并检测。胶片涂层技术分析仪使用试纸片（块），主要由扩散层、中间层及指示剂层组成，各层分别具有接收样品、改变样品的物理化学性质及对待测物进行测定的作用。干化学式自动生化分析仪所有测定参数均存储于仪器的信息磁块中，当编有条形码的特定试验用试纸条或试纸片放进测定装置后，即可进行测定。

### （三）干式生化分析仪的临床应用

与传统的"湿化学"分析方法相比，干化学分析技术具有以下优点。

（1）具有优异的稳定性，有效避免交叉污染，准确度高、精密度高。

（2）所需样品量少。

（3）不需配试剂。

（4）操作简便快速，检测速度快，节约时间。

（5）维修保养简单，无管道腐蚀、老化问题，环保。

但干化学分析仪也有自身的不足之处，如开展新的检测项目的能力受限，有些项目与湿化学的可比性较差，大部分项目的检测成本略高。

总之，干化学式生化分析仪操作简便，检测速度快，检验结果准确，适用于小型医院和大中型医院的门诊、急诊，是一个灵活的检测系统。随着应用技术的进一步提高，干化学分析仪在临床的应用必将更加广泛。

## 二、干式生化分析仪的基本原理

干式生化分析仪无传统生化分析仪的管路系统，使用干试剂条作为固相试剂。将待测液体样品直接加到已固化于特殊结构的试剂载体，用样品中的水将固化于载体上的试剂溶解，再与样品中的待测成分发生化学反应，从而干片载体上的检测信号发生变化，而检测信号的变化被与之配套的检测仪器获取，并最终转化为待测物的定性、半定量或定量结果。

**1. 反射光度法**　反射光度法是通过测定干片颜色变化来确定化合物浓度，常用方法有终点法、固定时间法、速率法。显色反应干片由扩散层、试剂层、指示剂层和支持层组成。其中，扩散层为多孔结构，允许标本通过，扩散层主要有四大功能。

（1）使标本均匀分布。

（2）过滤大分子（蛋白质、血脂等）物质。

（3）去除干扰物质（溶血、黄疸等）。

（4）提供反射测定的背景。

试剂层包含检测反应所需的酶、缓冲液、催化剂等，为多层试剂，可以控制反应顺序。指示剂层包含染料从而使之产生显色复合物，促进反应完成。支持层起到支撑作用，并允许光线自由通过。

**2. 差示电位法**　应用离子选择电极技术，通过直接法测定两电极间电势差，用于测定钾、钠、氯等无机离子。干片结构包含两个离子选择电极，即样品电极和参比电极。每个电极均为多层膜结构，两个电极通过盐桥相连。测定时，在样品电极侧加入待检样本，参比电极侧加入配套参比液，这样在两个电极间就会出现电位差，通过电位计测量两个电极间的电位差。通过电位差可计算出待测组分的浓度。此外，还有基于抗原抗体反应的多层膜干片，由扩散层、受体层、胶乳层和聚酯支持层组成。采用竞争性免疫速率反应原理。主要应用于药物浓度等的测定。

## 三、干式生化分析仪的基本结构

干式生化分析仪的基本结构包括样品加载系统、干片试剂加载系统、孵育反应系统、检测系统和计算机控制系统。与传统的"湿化学"全自动生化分析仪相比，其最主要的区别体现在干片载体和检测系统两个部分。

应用涂层技术制作的多层膜干片一般包括 5 层，从上至下依次为渗透扩散层、反射层、辅助试剂层、试剂层和支持层。样品扩散层由高密度多孔聚合物制成，因此能够快速吸附液体样品并使之迅速均匀地分布，并阻止细胞、结晶和其他小颗粒物质透过，也可以根据分析项目的需要设计为让蛋白质等大分子物质滞留。事实上，经过样品扩散层的过滤后，进入以下各层参与反应的基本上是无蛋白滤液。反射层也称为光漫射层，为白色不透明层，下侧涂布反射系数大于 95% 的物质，如 $TO_2$、$BaSO_4$ 等，可有效避免样品扩散层中有色物质的干扰，使反射光不受影响，从而提升其抗干扰能力；同时这些具有高反射系数的光反射物质也给下面各层提供反射背景，使入射光能最大限度地反射回去，以减少由于光吸收而引起的测定误差。辅助试剂层主要作用是去除血清中的内源性干扰物，从而使检测结果更加准确。试剂层又称为反应层，由亲水性多聚物构成，该层固定了项目检测所需的部分或全部试剂，使待测物质通过化学反应或生物酶促反应发生改变，产生可与显色物结合的化合物，再与特定的指示系统进行定量显色。在试剂层中，不同的分析干片的试剂成分各异。支持层为透明的塑料基片，主要起支持作用，并允许入射光和反射光完全透过。

以上基本结构是干化学多层膜试剂载体最常见的类型，此外，钾离子、钠离子、氯离子等需用电极法测定。葡萄糖、尿素等检测干片均由上述多层膜构成，但会根据各项目的具体特点做针对性的改动。

$K^+$、$Na^+$、$Cl^-$ 等无机离子采用差示电位法的多层膜干片结构检测。与前述干片不同的是，其包含两个离子选择电极，每个电极均由 5 层组成，从上至下依次为离子选择性敏感膜、参比层、氯化银层、银层和支持层，两个电极以盐桥相连。

### 四、干式生化分析仪的技术要求

2008 年 4 月 25 日，国家食品药品监督管理局发布了干式化学分析仪的行业标准 YY/T 0655—2008，于 2009 年 6 月 1 日开始正式实施。此标准中规定了干式化学分析仪的技术要求、试验方法、标志、标签、使用说明书、包装、运输和贮存条件。此标准适用于配套使用固相载体试剂，在医学临床上对患者的血液、尿液和脑脊髓液等样品进行化学检验的干式化学分析仪。不适用于血糖分析仪、尿液分析仪、血气分析仪、快速心梗标志物检测仪或其他类似检测分析仪。

**1. 正常工作条件**

（1）电源电压 220V ± 22V，50Hz ± 1Hz。

（2）环境温度 15 ~ 30℃。

（3）相对湿度 30% ~ 70%。

**2. 准确度** 根据反应原理分别测定葡萄糖（终点法）、钾（差示电位法）、丙氨酸氨基转移酶（速率法）等检测项目，其结果偏倚应该在以下范围内。应使用具有源性的控制物如下。

（1）葡萄糖 靶值 ± 10%。

（2）钾 靶值 ± 5%。

（3）丙氨酸氨基转移酶 靶值 ± 15%。

**3. 批内精密度** 使用配套控制品时检测以下项目，检测结果的变异系数（$CV,\%$）应符合表 2 - 3 的要求。

表 2 - 3 分析仪批内精密度要求

| 反应原理 | 试验项目 | 浓度范围 | 变异系数（$CV$）要求 |
|---|---|---|---|
| 终点法 | 葡萄糖 | 5 ~ 22mmol/L | ≤5.0% |
| 差示电位法 | 钾 | 2 ~ 8mmol/L | ≤2.0% |
| 速率法 | 丙氨酸氨基转移酶 | 40 ~ 60U/L | ≤12.0% |
| 速率法 | 丙氨酸氨基转移酶 | 100 ~ 300U/L | ≤5.0% |

**4. 线性** 分析仪检测线性应符合表 2 - 4 要求。

表 2 - 4 分析仪线性要求

| 试验项目 | 线性范围 | 斜率 | 指标（$r$） |
|---|---|---|---|
| 葡萄糖 | 2 ~ 25mmol/L | 1.00 ± 0.05 | ≥0.975 |
| 钾 | 2 ~ 12mmol/L | 1.00 ± 0.05 | ≥0.975 |
| 丙氨酸氨基转移酶 | 10 ~ 800U/L | 1.00 ± 0.05 | ≥0.975 |

**5. 稳定性** 分析仪开机处于工作状态第 4 小时、第 8 小时的测试结果与第 1 小时的测试结果的相对偏倚，应该在以下范围内。

（1）葡萄糖 相对偏倚在 ± 10% 之内。

（2）钾 相对偏倚在 ± 5% 之内。

（3）丙氨酸氨基转移酶 相对偏倚在 ± 15% 之内。

**6. 分析仪功能** 分析仪至少应具备以下功能。

（1）进行比色终点法、速率法或差示电位分析。

（2）结果存储功能。

（3）与实验室信息系统（LIS）进行通信的功能或打印功能。

## 五、干式生化分析仪的保养与维护

对干式生化分析仪进行有效的保养和维护，可降低故障率，提升试剂利用效率和延长使用寿命。

### （一）仪器使用环境要求

**1. 室内温度**    15.6~29.4℃。

**2. 室内湿度**    15%~60%。

**3. 室内洁净度**    因本仪器包含较复杂的光路、电路及机械系统，故要求实验室尽量保持清洁，保证仪器的稳定性及可靠性，减少仪器故障率。

### （二）日常保养与维护

（1）检查干片库存量，样本架、试管、样品杯、高度适配器。

（2）排空废液杯、废吸头收集盒，废干片收集盒（非常重要），干片盒收集桶。

（3）装载混合杯架，样品吸头。

（4）每8小时需更换参比液小头并清洁其吸嘴部分，更换免疫冲洗液小吸头并清洁其嘴部分。

（5）清洁参比液盒盖及密封垫，免疫冲洗液盒盖及密封垫，稀释液瓶盖。

（6）查看稀释液余量，如有必要更换。

（7）更换主机空气滤网。

（8）核实日常质控是否已运行。

### （三）每周保养

（1）清洁样品架进入通道和传递臂。

（2）清洁样品架。

（3）清洁稀释液瓶。

（4）清洁吸头定位器组件。

（5）清洁触摸屏。

（6）清洁键盘。

### （四）按需保养

（1）用软盘备份仪器数据。

（2）更换保湿剂、干燥剂。

（3）更换参比液、免疫盖上的密封圈。

（4）更换稀释液瓶盖。

（5）更换孵育器防蒸发盖并清洁各个槽位。

（6）清洁加样器头部尖嘴部分。

（7）调整反射光度计光圈。

（8）更换反射光度计灯泡。

（9）执行空白参考片的校正系数程序。

# 目标检测

答案解析

## 一、单选题

1. 世界上第一台自动生化分析仪属于（　　）。

   A. 连续流动式　　　　B. 离心式　　　　　C. 分立式　　　　　D. 干化学式

2. 自动生化分析仪自动清洗样品探针主要作用是（　　）。

   A. 提高分析精度　　　B. 防止试剂干扰　　C. 防止交叉污染　　D. 提高反应速

3. 干化学式自动生化分析仪所用的光学系统为（　　）。

   A. 分光光度计　　　　　　　　　　　　B. 原子吸光分光光度计

   C. 反射比色计　　　　　　　　　　　　D. 固定闪烁计

## 二、多选题

1. 自动生化分析仪常用的分析方法主要有（　　）。

   A. 终点分析法　　　　　　　　　B. 连续监测法　　　　　C. 比浊测定法

   D. 离子选择电极法　　　　　　　E. 电泳法

2. 生化分析仪按照反应装置的结构分类主要分为（　　）。

   A. 连续流动式生化分析仪　　　　B. 分立式生化分析仪

   C. 离心式生化分析仪　　　　　　D. 半自动化生化分析仪

## 三、简答题

生化分析仪的光电检测器选择时需要考虑哪些因素？

书网融合……

本章小结

# 第三章　血液流变和血液凝固分析仪器

PPT

**岗位情景模拟**

**情景描述**　血液凝固分析仪可以对血栓与止血等指标进行检测，为血栓性疾病诊断、溶栓及疗效提供有效依据，血液凝固分析仪正常运行是保证数据可靠性的第一前提。但是在使用中也难免出现故障，比如：血液凝固分析仪在使用中未出现报警，但是所做的标本结果 FIB 全部较低，PT、APTT 基本在正常范围。

**讨论**　1. FIB 结果偏低的可能原因有哪些？
　　　　2. 血液凝固分析仪未报警的原因是什么？
　　　　3. 如何解决以上问题？

## 第一节　血液流变分析仪

### 一、血液流变分析仪概述

血液流变学是生物流变学的一个重要分支，是一门研究血液及其组分的流动和变形规律的学科。血液流变学包含宏观血液流变学和微观血液流变学两部分。宏观血液流变学包含血液黏度、血沉、血浆黏度等；微观血液流变学包括红细胞聚集性、红细胞变形性、血小板聚集性、血小板黏附性等，所以微观血液流变学又称为细胞流变学。随着生物技术的迅速发展，细胞流变学又发展到分子水平的研究，主要包括血浆蛋白成分对血液黏度的影响、介质对细胞膜的影响、受体作用等方向的研究。

临床上的心脑血管疾病与血液流变特性有紧密的关系，心脑血管疾病往往会使患者血液的流变性发生变化，甚至引起血液微循环障碍，从而导致组织灌流不足、缺血、缺氧及代谢障碍，严重时导致心、脑缺血。所以在心、脑血管疾病诊断中，血液流变分析是重要检测方法之一。血液流变学分析仪是对全血、血浆、血细胞流变特性进行分析的一种检验仪器，主要有血液黏度计、红细胞电泳仪、黏弹仪、红细胞变形测定仪等。血液流变分析仪在疾病的预防、诊断、治疗，以及疗效判定等方面都有重要的意义。

#### （一）血液流变分析仪发展史

血液流变分析仪是在血液流变学理论基础上发展起来的一种检验仪器，其发展简史见表 3-1。

表 3 - 1　血液流变分析仪发展简史

| 年代 | 代表性设备或理论 |
| --- | --- |
| 1628 年 | William Harvey 发现血液在血管内循环流动 |
| 1675 年 | Leeuwenhok 报道了红细胞通过毛细血管时发生变形的现象 |
| 1920 年 | Binhan 提出流变的概念，即在应力的作用下，物体可产生流动与变形 |
| 1948 年 | Copley 提出生物流变的概念，即血液、淋巴液和其他体液、玻璃体、软组织（如血管、肌肉、晶体，甚至骨骼、细胞质）等均可发生流变 |
| 1951 年 | 提出将研究血液及其有形成分的流动性与形变规律的流变，称为血液流变学 |
| 1966 年 | 第一届国际血流变会议在冰岛召开 |
| 20 世纪 70 年代中期 | 上海医科大学首先在国内开展了血液流变学临床工作 |
| 20 世纪 80 年代 | 我国血液流变学发展迅速，血液流变学基础和临床研究不断深入，研制、开发了一批血液流变检测仪 |
| 20 世纪 90 年代初至今 | 血液流变学研究不断取得新的进展，已经发展到从分子水平研究血液成分的流变特性 |

### （二）血液流变分析仪的分类

**1. 按照检测方法分类**　血液流变分析仪可分为旋转式血液流变分析仪和毛细管式血液流变分析仪。

（1）旋转式血液流变分析仪　包括锥 - 板式、圆筒式、双隙圆筒式。

（2）毛细管式血液流变分析仪　包括对比法、直测法——压力传感器法。

**2. 按照自动化程度分类**　血液流变分析仪半自动血液流变分析仪、全自动血液流变分析仪。

## 二、血液流变分析仪的基本原理

在人体体内血液黏度并不是一个物理常数，大血管和微血管中血液的黏度不一样。一般情况下，主动脉、腔静脉这类大血管中，血液的流动表现为牛顿流体，血液黏度基本保持为一个常数。但是对于 100μm 以下的小血管甚至微血管，血液黏度会随着血管管径的变化而发生变化。对于人体来说，全血黏度主要取决于红细胞数量的多少，而血浆黏度主要取决于血浆蛋白。血液黏度对人体血液循环有直接的影响，同时也会影响组织的血液灌流量。因此，血液黏度的测定对临床诊断与心脑血管疾病治疗有着重要意义。

血液流变分析仪按照检测方法可以分为毛细管式血液流变仪和旋转式血液流变仪，下面针对这两类分析仪基本工作原理进行介绍。

### （一）毛细管黏度仪

毛细管黏度仪的工作原理遵循哈根 - 泊肃叶定律，即在恒定的压力作用下，一定体积的液体在流过管径一定的毛细管时，所用的时间与液体黏度成正比的关系。临床上常测定一定体积的血浆与相同体积的蒸馏水通过同一毛细管所需要的时间之比，这个比值称为血浆比黏度，用式（3 - 1）表示：

$$血浆比黏度 = 血浆时间 / 蒸馏水时间 \tag{3 - 1}$$

毛细管黏度计操作简单、检测速度快，对于牛顿流体黏度检测结果可靠性较高，是血浆、血清样本黏度测定的参考方法，但是不利于对于非牛顿流体黏度特性的研究，并且不能直接检测某剪切率下的表观黏度。

### （二）旋转式黏度仪

旋转式黏度计是以牛顿的黏滞定律为理论依据，旋转式黏度计的同轴部件之间往往会有一定的孔隙，待测样本放置在间隙中。在进行测试时同轴部件以一定的角速度进行旋转，这时血样施以切变力，从而形成层流。层流之间的相互作用就把转动形成的力矩传递给圆筒或者圆锥，圆筒或者圆锥就会偏转一定角度。血液样本越黏稠，传递的力矩就会越大，圆筒或者圆锥偏转的角度就会越大。

测试时将血液置于一个切变率已知的切变场中，测量一定的剪切率 $\gamma$ 下所产生的切应力 $\tau$ 的大小，然后按公式（3-2）计算出血液的表观黏度 $\mu$：

$$\mu = \tau / \gamma \tag{3-2}$$

旋转式黏度计根据同轴部件的不同，又可以分为圆筒式黏度计和锥板式黏度计两种。

**1. 圆筒式黏度计**　是由 2 个同轴的圆筒组合而成，所以又称为筒筒式黏度计，在圆筒的间隙内放置待测量的样本，内筒和一个弹簧游丝连接在一起。一般情况下内筒固定不动，而外筒以已知角速度 $\omega$ 进行旋转，从而测量出液体加在内筒壁上的扭力矩 $M$，再将扭力矩 $M$ 换算成待测样本的黏度 $\mu$：

$$\mu = K \times M / (2\pi R\omega) \tag{3-3}$$

式中，K 为仪器常数，$R$ 为内筒半径。

在进行测量时，一般采用循环水浴方式对样品进行保温，具有温度稳定及试样用量少的优点。圆筒式黏度计可以对非牛顿流体进行黏度检测，可以用来对血液的凝固过程、黏弹性、红细胞变形性、聚集性以及血液特性的时间相关性等进行研究。但是由于两筒间隙流层中切变率不均衡，以及在低切变率下黏度测量耗时较长，使得无法进行大批量的临床检测，并且检测结果不稳定。

**2. 锥板式黏度计**　由一个圆板和一个同轴圆锥组成，假如圆锥角为 $\theta$，待测样本放在圆板和圆锥的间隙之间。一般情况下圆板是固定的，圆锥以固定的角速度 $\omega$ 旋转，测量样本加在圆锥上的扭力矩为 $M$，并将扭转力 $M$ 换算成液体的黏度 $\mu$。剪切速率 $\gamma$ 用式（3-4）表示：

$$\gamma = \omega / \theta \tag{3-4}$$

从式（3-4）可以看出，剪切速率不受圆锥半径影响，也就是说，在圆锥面上的剪切速率处处相等。所以，锥板式黏度计在设计原理上比圆筒式更合理、更适合，可以用来直接测量非牛顿流体的黏度以及流动曲线，因此可以用于全血、血浆的检测。仪器的剪切率范围比较宽，能够提供不同的剪切率，是测定非牛顿流体黏度的检测设备。与圆筒式黏度计相比，锥板式黏度计检测效率快、精度高、重复性好。

图 3-1 是一台锥板式黏度计的工作原理图，步进电机通过变速齿轮、传动皮带带动刻度盘进行旋转，刻度盘与圆锥通过扭丝弹簧连接。如果圆锥与平板之间没有流体时，圆锥体转动不受到黏性阻力的作用，弹簧仍然处于初始状态，此点称为仪器的测量零点，这时，刻度盘与圆锥同步转动。当把待测样本置于圆锥与平板间之间时，圆锥转动时就会受到流体黏性阻力的作用从而使圆锥旋转，扭丝弹簧同时也受到扭力矩的作用，产生一个相同大小的反力矩 $M$，达到平衡状态。达到平衡后圆锥与刻度盘仍然同步旋转，但是与初始状态比较，圆锥旋转了一个角度 $\theta$，并且 $\theta$ 与流体的黏度大小成正比。用适当的传感器对扭丝弹簧的力矩 $M$ 和圆锥的旋转角度 $\theta$ 进行记录，从而得到流体的黏度 $\mu$，流体的黏度 $\mu$ 满足以下关系：

$$\mu = 3\theta M / (2\pi R\omega) \tag{3-5}$$

式中，$R$ 为锥板半径，$\omega$ 为圆锥角速度。

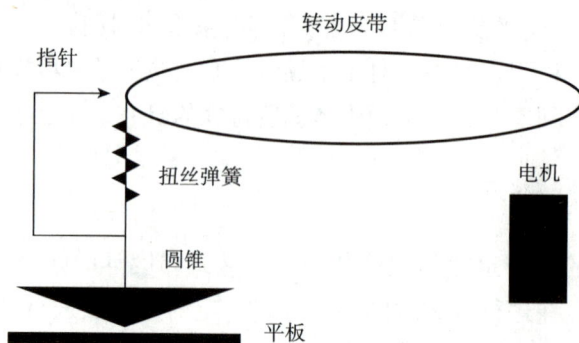

图 3-1　锥板式黏度计工作原理图

### 血液流变学

血液流变学是生物力学及生物流变学的一个分支，主要是研究血液的宏观流动特性，血液与血管、心脏之间的相互作用，细胞变形、血细胞流动性质等。

1930 年，Binhan 首先提出了流变的概念，流变是在应力的作用下，物体可以产生流变和变形。到了 1948 年，Copley 提出生物流变的概念，也就是说，人体的体液（血液、淋巴液等）、软组织（肌肉、血管、晶体）、骨骼的细胞质等都可以发生流变，生物流变概念的提出为血液流变学奠定了基础。直到 1951 年，才正式提出血液流变学的概念，即研究血液及其有形成分的流动性与形变规律。近年来随着技术的发展，血液流变学已经发展到从分子水平研究血液成分流变特性的阶段，比如血浆分子成分对血浆黏度的影响。

## 三、血液流变分析仪的基本结构

### （一）毛细管黏度计的基本结构

毛细管黏度计的基本结构包括毛细管、控温装置、储液池、驱动装置和计时器等。

毛细管分为测量全血黏度的毛细管和测量血浆黏度的毛细管两种。测量血浆黏度毛细管对于内径、长度等无特殊要求，测量全血黏度的毛细管要求如下：内径一般为 0.38mm、0.5mm、0.8mm，长度为 200mm，内径要圆、直、长而且要均匀。对于血液而言，毛细管越细，可变形红细胞在毛细管中流动时向轴向集中的趋势就越明显，那么测出来的血液黏度就会偏低。因此，对于用于血液测量的毛细管黏度计的半径、长度有一定要求，要求 $2R \geq 1mm$（$R$ 为毛细管半径），并且 $L/2R \geq 200$（$L$ 为毛细管长度）。

毛细管和储液池浸没在恒温装置中，温控装置的波动范围要求小于 $0.5℃$。储液池一般在毛细管顶端，用来储存样品和温浴。驱动装置可以为水平型毛细管黏度计提供驱动力。计时器用于检测中的计时。

### （二）旋转式黏度计的基本结构

旋转式黏度计主要由样本转盘、样本传感器、加样系统、转速控制与调节系统、恒温系统、力矩测量系统等组成。

加样系统通过蠕动泵转动使泵管产生吸引力并传递到吸样针，从而使吸样针能够吸取样品实现加样操作。在旋转式黏度计中通过微型电机实现转速控制与调节的功能。在圆筒式黏度计或者锥板式黏度计中，都是其中一个部件固定而另外一部分可以旋转，这样就可以通过样本传感器实现旋转所产生的切变力的感知功能。由锥板系统产生的力矩则可以通过力矩测量系统进行测量，并将其转换为电信号。恒温系统保证整个检测过程中温度的相对稳定。

## 四、血液流变分析仪的性能指标

血液流变分析仪性能指标一般要满足以下条件。

**1. 测试参数** 一般包括血浆黏度、全血黏度、全血还原黏度、变形指数、聚集指数、红细胞刚性指数、血沉方程 K 值、卡松黏度、血液屈服应力等。

**2. 设置参数** 一般包括样品量 $<800\mu l$、测定时间 $<60$ 秒、切变率 $1 \sim 200s^{-1}$、温度控制在 $37℃$

±0.1℃。

**3. 准确性**　牛顿流体黏度引入的误差应小于 ±2%。非牛顿流体黏度引入的误差：切变率为 1s$^{-1}$ 时，误差为 ±2mPa·s；切变率为 1~200 s$^{-1}$ 时，误差应为 ±2mPa·s。

**4. 变异系数**　牛顿流体黏度的 $CV\%$ 应小于 2%。非牛顿流体黏度的 $CV\%$ 应小于 3%。

## 五、血液流变分析仪的技术要求

2016 年 1 月 26 日，国家食品药品监督管理总局发布了血液流变仪的行业标准 YY/T 1460—2016，于 2017 年 1 月 1 日开始正式实施。此标准中规定了血液流变仪的术语和定义、分类、要求、试验方法、标志、标签和使用说明书、包装、运输及贮存等。血液流变分析仪主要技术要求如下。

**1. 外观**　血液流变仪的外观应符合下列要求。

（1）文字和标志清晰可见。

（2）表面平整、光洁、色泽均匀，无磕碰、划伤及凹凸不平等缺陷。

（3）紧固件连接牢固可靠，不得有松动。

**2. 主要功能**　血液流变仪应具有下列功能。

（1）切变率应连续可调。

（2）应具有显示测量区域的实时温度功能。

（3）应具有使用标准黏度液进行仪器标定功能。

（4）检测项目应至少包括黏度、切变率。

（5）应具有数据贮存（样本数据、质控数据）和输出功能。

**3. 切变率显示范围及温度准确度、波动性**

（1）切变率显示范围 1~200s$^{-1}$。

（2）样本测量区温度应在设定值 ±0.5℃ 的范围。

（3）样本测量区温度的波动性不超过 ±0.5℃。

**4. 准确度**　应符合表 3-2 的要求。

表 3-2　流变仪的准确度要求

| 切变率 s$^{-1}$ | 牛顿标准物质黏度（mPa·s）及相对偏差要求 | | | |
| --- | --- | --- | --- | --- |
| | (1±0.5) mPa·s | (5±1) mPa·s | (10±2) mPa·s | (20±4) mPa·s |
| 1 | — | — | ≤5% | ≤5% |
| 10 | — | — | ≤5% | ≤5% |
| 50 | — | ≤5% | ≤5% | — |
| 100 | ≤5% | ≤5% | — | — |
| 200 | ≤3% | ≤3% | — | — |

| 切变率 s$^{-1}$ | 非牛顿标准物质黏度（mPa·s）及相对偏差要求 | |
| --- | --- | --- |
| 1 | 10~30mPa·s | 相对偏差≤5% |
| 50 | 2~7mPa·s | 相对偏差≤5% |
| 200 | 1~5mPa·s | 相对偏差≤3% |

注：具体测试时应选用适当的有证标准黏度液，包括牛顿流体标准黏度液（标准油）、非牛顿流体标准黏度液（非牛顿液体标准物质）。

**5. 重复性**　应符合表3-3的要求。

表3-3　流变仪的重复性要求

| 切变率 s⁻¹ | 牛顿样本黏度（mPa·s）及重复性要求［CV（%）］ | | | |
| --- | --- | --- | --- | --- |
| | (1±0.5) mPa·s | (5±1) mPa·s | (10±2) mPa·s | (20±4) mPa·s |
| 1 | — | — | ≤5% | ≤5% |
| 10 | — | — | ≤5% | ≤5% |
| 50 | — | ≤5% | ≤5% | |
| 100 | ≤5% | ≤5% | — | — |
| 200 | ≤3% | ≤3% | — | — |
| 切变率 s⁻¹ | 非牛顿样本黏度（mPa·s）及重复性要求［CV（%）］ | | | |
| 1 | 10~30mPa·s | | ≤5% | |
| 50 | 2~7mPa·s | | ≤5% | |
| 200 | 1~5mPa·s | | ≤3% | |

注：样本宜首选临床样本。

**6. 样本携带污染率（适用于全自动流变仪）**　应符合表3-4的要求。

表3-4　流变仪/黏度仪的样本携带污染率要求

| 切变率 s⁻¹ | 样本携带污染率要求 |
| --- | --- |
| 50 | ≤5% |

注：样本为临床血液样本。

**7. 样本加样量准确度（适用于全自动流变仪）**　对流变仪标称的加样量进行检测，加样量应不小于仪器标称量。

**8. 连续工作时间**　将流变仪连续保持开机或待测状态8小时，8小时后检测结果应符合表3-5要求。

表3-5　流变仪连续工作时间要求

| 切变率 s⁻¹ | 牛顿标准物质黏度（mPa·s）及相对偏差要求 |
| --- | --- |
| | (5±1) mPa·s |
| 50 | 相对偏差（8小时后同一样本相对于初始时的黏度值）不超过±5% |

## 六、血流流变分析仪的保养与维护

### （一）毛细管黏度计的保养与维护

由于毛细管管径很小，在检测中直接与患者血液样本接触，所以为了避免残留物影响，严格要求用蒸馏水多次冲洗毛细管，并使之干燥之后再进行下一个样本测量。毛细管黏度计的底部以及侧壁要定期用中性洗涤剂清洗，并用蒸馏水清洗干净。在下一样本检测前需要对毛细管进行检测，毛细管中加入参比液，根据参比液流出的时间来判断管子是否存在污染物，检测合格后才可以进行下一样本的检测。由于全血黏度随温度变化情况较复杂，为避免温度对检测结果的影响，在检测中要求样本和毛细管的温度应该控制在25~37℃。

### （二）旋转式黏度计的保养与维护

旋转式黏度计保养与维护包括安装要求、日常保养、剪液锥保养等方面。

**1. 安装要求**

（1）仪器应该在额定电压、额定功率下工作，如果电压波动太大，需要使用稳压装置。

（2）工作环境要保证干净无尘，尤其是机芯部位不能落入尘埃或者污物。

（3）为了保证检测的准确性，建议用户每月至少做一次水平调整，尤其是每次移动仪器或检测结果不理想时，应首先查看仪器水平是否良好。

**2. 日常保养**　由于血液流变分析仪直接对血液样本进行检测，因此日常对仪器的保养与维护直接关系到检测数据的准确性和数据的稳定性。为了避免样本之间的交叉污染，每天第一份样本检测前，或者样本处理完之后仪器要连续完成 8～10 次清洗，并清洗废液瓶，检查废液瓶中的传感器是否灵敏，将蒸馏水瓶加满，以备下次使用。

**3. 剪液锥保养**

（1）当剪液锥表面有纤维蛋白或血凝块等污染物时，可以使用温水加中性洗涤剂（如洗洁精）进行手动清洗，建议用户每日做一次手动清洗。

（2）在取下剪液锥之前，需要抽空液槽内的样本，避免将样本带到中轴尖上从而损坏仪器。

（3）清洗液最好使用碱性、专用清洗液，不能使用消毒液或者化学腐蚀剂、溶剂类液体。

（4）在对剪血板或剪液锥、驱动轴等敏感部件进行测试或清洗时，要注意不要施以重力。

（5）清洗结束后，剪液锥以及液槽需要使用柔软干净的纸巾进行清洁，清洁后将剪液锥和定心罩放置到原来位置。

（6）清洗、加样时切勿将清洗液或样本加入轴孔内，否则会导致测试数据不准，甚至损坏机芯。

**4. 液槽保养**　每日清洗工作结束后都要检查排液口是否排液流畅，并且使用柔软干净的纸巾清洁液槽，如果液槽里有血凝块或纤维蛋白等污染物，可以使用温水加中性洗涤剂进行清洁。但是不能使用强酸或者强碱及腐蚀性溶液对液槽进行清洗，否则会导致液槽损坏。

**5. 清洗系统保养**　如发生清洗无力或者不上水的现象，首先需要检查进液泵管是否良好，液体是否足够；其次检查管路是否通畅，并使用注射器对清洗管道进行抽吸操作。如还不能解决，需要与工程师联系。

**6. 排废系统保养**　每天需要检查并清洁废液桶，检测瓶内干簧管传感器的灵敏性，检查时可以把废液瓶盖进行颠倒，如果仪器屏幕上提示"废液瓶满"，则说明传感器正常，如未提示，则需向工程师求助解决。

# 第二节　血液凝固分析仪

## 一、血液凝固分析仪概述

完善的止血和凝血功能对于机体具有十分重要的作用，既可以阻止血液流出血管，也可防止血液在血管内发生凝固而形成血栓。血栓患者现在越来越年轻化，患者数量也越来越多。临床上血栓形成主要涉及：血流和血管；血小板－血管相互作用；凝血系统；抗凝系统和纤溶系统。

当血管受损时，血管壁通过神经反射释放内皮素等血管活性物质，从而增强血管收缩反应，减慢血流速度，加速血管止血。与此同时，破损的内皮细胞暴露出组织因子和胶原，通过血管性血友病因子和纤维蛋白原介导的黏附、聚集，使循环中的血小板形成一期止血血栓，同时为凝血反应提供催化表面。释放的组织因子与因子Ⅶ结合，从而启动外源性凝血途径；暴露的内皮下组分，通过激活凝血因子Ⅻ，从而启动内源性凝血途径，之后一系列的凝血因子被激活而形成凝血酶，促使纤维蛋白原转化为纤维蛋白，最后通过凝血因子XIIa的作用，形成二期止血血栓。

机体在形成血栓时，抗凝和纤溶系统也被激活。抗凝系统由细胞抗凝和体液抗凝两方面因素组成。纤溶系统通过纤溶酶原转变为有纤溶活性的纤溶酶，进而降解纤维蛋白（原）和凝血因子 V、VIII等其他蛋白质，从而抑制凝血过程中纤维蛋白的聚集。

从对凝血、抗凝和纤溶的分析可以看到，通过对参与以上过程的各组分进行测定，可以有效评估人体的止血和凝血功能。随着技术的发展，血栓和止血的检测逐渐实现了自动化和智能化。目前，血栓与止血检验中常用的仪器有血液凝固分析仪、血小板聚集仪和血液流变分析仪，本节重点介绍血液凝固分析仪。

血液凝固分析仪是指采用一定分析技术，对人体血液凝固功能及有关成分进行自动化分析、检测的常用临床检验仪器，简称血凝仪。目前，血凝仪已经从传统的手工检测发展成为全自动检测，并且可以对多种血栓与止血指标进行检测，检测原理也从单一的凝固法发展到免疫学和生物化学方法。血凝仪为血栓性疾病诊断、溶栓及疗效观察提供了有效技术支持。

### （一）血液凝固分析仪发展史

1910年，Duke开创出血时间（bleeding time，BT）试验，同年，Kottman通过测定血液凝固时黏度的变化来反映凝固的时间，研制出世界上最早的血凝仪。1922年，Kugelmass采用浊度计通过检测血液凝固后透射光的变化情况来反映血浆凝固时间。1950年，Schnitger和Gross发明了基于电流法的血凝仪，该方法主要是利用纤维蛋白原无导电性而纤维蛋白有导电性的特性，利用该仪器检测血液凝固过程中电流的变化来判断凝固终点。20世纪60年代，研发出了机械法血凝仪，出现了早期的平面磁珠法。70年代以后，随着机械、电子技术的发展，各种全自动血凝仪先后问世。80年代，底物显色技术应用于血液凝固的检测，为凝血、抗凝、纤维蛋白溶解系统单个因子的检测提供了技术支持。90年代，全自动血凝仪进入了分子生物学时代，血凝仪引入免疫通道，并将各种检测方法融为一体，能够完成的检测项目更加全面，为血栓与止血的检测提供了新的方法。进入21世纪后，血凝仪的检测方法更为全面，通过使用聚集法使自动血凝仪能够完成血小板聚集试验的检测。

随着科学技术的不断发展，血液凝固分析仪在朝着检测速度快、检测原理多样化、仪器智能化、试剂样本分配精准化、操作界面人性化、检测能力多元化方向发展，相信随着血液凝固分析仪技术的不断提升，将为血栓、出血性疾病的诊断、治疗及预后观察提供更加可靠、精准的技术支持。

### （二）血液凝固分析仪的分类

血液凝固分析仪按检测原理，可分为电流法、光学法、磁珠法、超声波法、免疫学法、底物显色法血凝仪。根据自动化程度，又可分为半自动血凝仪、全自动血凝仪以及全自动血凝工作站。按照检测原理分类在血液凝固分析仪工作原理部分具体介绍，本部分重点介绍按照自动化程度进行分类。

**1. 半自动血凝仪** 加样、加试剂需要手工完成，能够检测的项目较少，检测速度相对较慢，价格便宜，检测精度虽然低于全自动血凝仪但是检测精度高于手工法，主要用来检测一些常规凝血项目。

**2. 全自动血凝仪** 与半自动血凝仪相比，自动化程度高、能够检测的项目多、设置通道多、速度大大提升。检测项目可以根据需求任意组合，测量精度高、智能化程度高，而且易于质控和标准化，但是价格较半自动化血凝仪贵，对于操作人员的素质要求也较高。可以完成凝血、抗凝、纤维蛋白溶解系统等常规项目检测，还可以实现对抗凝、溶栓治疗等的实验室监测。

**3. 全自动血凝工作站** 由全自动血凝仪、离心机、移动式机器人等设备组成。可以实现对样本的自动识别、接收，自动放置、自动离心、自动分析等。同时全自动血凝仪工作站还可以与实验室其他自动化系统进行结合，从而实现实验室的自动化。

## 二、血液凝固分析仪的基本原理

血液凝固分析仪检测方法主要包括凝固法、免疫学法、底物显色法等。其中，凝固法是血栓、止血试验中最常用、最基本的检测方法。半自动化血凝仪工作原理以凝固法为主，全自动血凝仪在凝固法基础上还加入了免疫学法和底物显色法等，自动化程度也进一步提升。

### （一）凝固法

早期凝固法血凝仪依据血液在凝固过程中无导电性的纤维蛋白原转化为可以导电的纤维蛋白丝的特性，当通电钩针离开样本液面时，利用纤维蛋白丝的导电性来判定血液凝固终点，但是由于这个方法终点判断不够准确而被淘汰。现在大多血凝仪是通过检测血浆在凝血激活剂作用下的一系列光、电、机械运动等物理量的变化，再经过计算机分析计算将其转换成最终结果，因为该方法在检测过程中是针对光、电、机械运动等物理量进行监测，所以该方法也称为生物物理法。按照具体检测方法不同，又可分为电流法、光学法、磁珠法、超声波法四种，国内目前血凝仪使用最多的检测方法是光学法和磁珠法。

**1. 电流法**　血液中的纤维蛋白原无导电性而转换为纤维蛋白后具有导电性，电流法就是利用这一特性将待测血液样本作为电路的一部分，根据血液凝固过程中电路电流的变化情况来判断纤维蛋白的形成情况。但由于电流法在检测中终点判断准确性及可靠性不高，因此很快就被光学检测方法所替代。

**2. 光学法**　血液在凝固过程中其浊度也会发生一定的变化，血液凝固分析仪的光学方法就是根据血浆凝固过程中浊度的变化，通过光学方法转换为光强度的变化，从而确定检测终点，所以该方法又被称作比浊法。光学法血凝仪大大减少了试剂的用量，试剂用量只有手工测量的一半。把凝血激活剂加入待测样本之后，会观察到随着样品中纤维蛋白凝块的逐渐形成，样品的吸光强度也会逐渐增加，当待测样本凝固达到终点以后，光的强度不再发生变化。光检测器接收光信号的变化，并将光信号转化为电信号之后，经过放大再传送到监测器上进行处理，并描出凝固曲线。通常是把凝固的起始点计为0，凝固的终点计为100%，一般把凝固达到50%所需要的时间作为凝固时间。

比浊法具体又可以分为散射比浊法和透射比浊法两种。

（1）散射比浊法　在检测中要收集光源所发出的光经过样本后所产生的散射光信号，所以在该方法中光源、样本、接收器成90°角排列，从而对侧向散射光进行收集。向被测样本中加入凝血激活剂之后，随着样本中纤维蛋白凝块的形成，样本的散射光强度逐渐增加，当凝结达到终点时，散射光强度也不再发生变化，这时仪器把血液凝固过程中的散射光变化情况描绘成凝固曲线。

（2）透射比浊法　与散射比浊法相比，透射比浊法的光源、样本、接收器呈直线排列。光源发射出的光线经过处理后变成平行光，平行光透过待测样本后照射到光电管，光电管将接收到的光信号转换成电信号，并经过放大后再由监测器进行处理。向样本中加入凝血激活剂之后，开始的透射光强度比较强，光吸收比较弱，随着样本中纤维蛋白凝块的形成，透射过样本的信号逐渐变弱，被样本吸收的光强度逐渐变大，当凝块完全形成后，透射光强度达到平衡，即吸光度趋于恒定。血凝仪将吸光度的变化描记出来并绘制成曲线。

由于透射比浊法中光源、接收器、样品成直线排列，因此，接收器实际接收到的不仅包括很强的透射光还包括较弱的散射光，对于透射法而言，透射光是有效成分，而散射光是干扰成分，所以在检测中还需要对接收的信号进行校正，并按照经验公式换算得到散射浊度。透射比浊法虽然简单，但是精度比较差。尤其是当测定一些特殊样本时，比如患者患有高脂血症、黄疸和溶血时取得的测定物，以及患有低纤维蛋白原血症患者样本，这些样本中存在很多干扰成分，这些干扰成分就会形成样本的本底浊度。由于本底浊度的存在，其起始点的基线会随之上移或者下移，仪器在数据处理过程中经常会将本底信号去除，从而减少这类标本对测定的影响。但是在去除本底信号的同时，部分有效信号同时也被去除。

与透射比浊法相比，散射比浊法中光源、样品、接收器成直角排列，这样接收器接收到的全部是散射光信号，因此，检测结果也不会受到本底浊度的影响。所以通过上边的分析发现，散射比浊法略优于透射比浊法。

**3. 磁珠法**　早期的磁珠法为平面磁珠法，检测时将一粒磁珠放在检测杯中，与杯外一根铁磁金属杆紧贴呈直线状，随着样本逐渐凝固，纤维蛋白的形成使磁珠移位从而偏离金属杆，仪器根据磁珠偏离金属杆的情况判断出凝固终点。平面磁珠法能够有效克服光学法中样本存在本底干扰的问题，但是存在灵敏度偏低的缺点。20 世纪 80 年代末现代磁珠法问世，90 年代初进入商品化模式。现代磁珠法又被称作双磁路磁珠法。在双磁路磁珠法进行测量时，测试杯的两侧有一组驱动线圈，可以产生恒定的交变电磁场，测试杯内特制的去磁小钢珠会在电磁场的作用下进行等幅振荡。凝血激活剂加入以后，随着纤维蛋白的产生，血浆的黏稠度逐渐增加，小钢珠运动受到的阻力逐渐变大，运动振幅也就逐渐减弱，仪器可以通过另一组测量线圈感应到小钢珠运动振幅的变化情况，当运动幅度衰减到起始振幅的 50% 时确定为凝固终点。

双磁路磁珠法中对于测试杯和钢珠都有特殊要求，测试杯和钢珠都具有专利技术。小钢珠需要经过多道工艺处理，使小钢珠完全去掉磁性。在使用过程中，加珠器应远离磁场，避免小钢珠被磁化。为了确保测量的准确性，小钢珠一般仅一次性使用。测试杯底部的弧线也是精心设计的，其设计与磁路相关，会直接影响测试的灵敏度。

由于双磁路磁珠法在检测中是依据小钢珠的机械运动来对反映终点进行判断，因此在检测中不受到溶血、高脂血症、黄疸标本及加样中微量气泡等特异血浆的干扰，而且有利于样本与试剂的充分混匀。由于双磁路磁珠法测试中，钢珠只是在测试杯的底部运动，因此试剂只需要覆盖住钢珠运动就可以，与光学法相比大大减少了试剂用量。但是双磁路磁珠法对于小钢珠质量及测试杯要求较高，二者对于检测结果影响都比较大。

**4. 超声波法**　超声波在标本中传输时会具有衰减的现象，因此在检测过程中可以根据凝血过程超声波衰减程度进行终点的判断。但是超声波法只能完成半定量，而且能够检测的项目较少，因此，目前该方法很少使用。

### （二）底物显色法

底物显色法又称为生物化学法，在检测中通过测定产色底物的吸光度变化来推断所测物质的含量以及活性。底物显色法的测量实质是光电比色原理，人工合成具有特定作用位点的多肽，其氨基酸序列与天然凝血因子相似，该作用位点与呈色的化学基团相连；测定时由于凝血因子具有蛋白水解酶的活性，它不仅能作用于天然蛋白质肽链，也能作用于人工合成的肽段底物，从而释放出呈色基团，使溶液显色，显色深浅与凝血因子活性呈比例关系，所以依据此原理可以对凝血因子进行精确定量。目前能够人工合成的多肽底物有几十种，而最常用的是对硝基苯胺（PNA），呈黄色，可以用 405nm 波长进行测定。底物显色法灵敏度高，精密度好，而且容易实现自动化，为血栓、止血检测寻找到了新方法。

### （三）免疫学法

免疫学法是利用抗原与抗体的特异性反应对被测样本进行检测。在检测中用纯化的被检物质作为抗原，并且制备相应的抗体，在检测中抗原与相应抗体会形成复合物，从而产生较大的沉淀或者颗粒，从而使被测液的浊度发生变化，通过检测浊度变化实现定性或者定量检测。免疫学法常用的检测方法有免疫扩散法、酶标法、免疫比浊法、火箭电泳法、双向免疫电泳法等。

### 三、血液凝固分析仪的基本结构

#### （一）半自动血凝仪的基本结构

半自动血凝仪主要由加样器、样品和试剂预温槽、检测系统及微机等组成。配备发光检测通道的半自动化仪器还具备检测抗凝及纤维蛋白溶解系统活性的功能。

光学法半自动血凝仪所受影响因素较多、重复性较差，所以此类仪器中一般设置自动计时装置，用来告知预温时间以及最佳试剂添加时间。有的仪器在测试位置添加试剂感应器，感应器在移液器针头滴下试剂后，立即启动混匀装置进行混匀，使血浆与试剂进行充分混匀；有的仪器在测试杯顶部安装了移液器导板，在添加试剂时由导板来固定移液器针头，保证每次均可以在固定的最佳角度添加试剂并防止气泡产生。这些改进提高了半自动血凝仪检测的准确性。一般半自动血凝仪使用凝固法进行测试，需要用其他测试方法实现的凝血项目检测，则可选择自动生化分析仪、酶标仪等进行。

#### （二）全自动血凝仪的基本结构

全自动血凝仪包括样品传送及处理装置、试剂冷藏位、样品及试剂分配系统、检测系统、计算机控制系统及附件等。

**1. 样品传送及处理装置** 血浆标本由传送装置依次向吸样针位置移动，大多数仪器设置有急诊位置，可使常规标本检测在必要时暂停，急诊标本优先测定。样品处理装置由标本预温盘及吸样针组成，前者可以放置数十份血浆样本。目前多采用轨道式连续进样及抽屉式存放。

**2. 试剂冷藏位** 可同时冷藏放置数十种试剂，避免试剂的变质。

**3. 样品及试剂分配系统** 由样品臂、试剂臂、自动混合器构成。样品臂自动提起标本盘中的测试杯置于样品预温槽中进行预温。随后试剂臂将试剂注入测试杯中（性能优越的全自动血凝仪设置有独立的凝血酶吸样针，以避免凝血酶对其他检测试剂的污染），自动混合器将试剂与样品充分混合后送至测试位，已检测过的测试杯被自动丢弃于特设的废物箱中。

**4. 检测系统** 与不同型号仪器采用的测量原理有关，是自动血凝仪的关键部件。常用的检测方法有凝固法、发色底物法和免疫法。

**5. 计算机控制系统** 根据设定的程序控制血凝仪进行工作，并分析处理检测数据，最终得到分析结果，通过计算机屏幕显示或打印机输出结果。计算机控制系统还具有储存患者检验结果、质量控制数据统计、记忆操作过程中的各种失误等功能，能很方便地与临床实验室信息系统（laboratory information system，LIS）相连接。

**6. 附件** 主要有系统附件、样本管穿刺装置、条形码扫描仪、阳性标本分析扫描仪等。

### 四、血液凝固分析仪的技术要求

2017年3月28日，国家食品药品监督管理总局发布了凝血分析仪的行业标准 YY/T 0659—2017，代替 YY/T 0658—2008 及 YY/T 0659—2008，于2018年4月1日开始正式实施。此标准适用于临床上用于对患者的血液进行凝血和抗凝、纤溶和抗纤溶功能分析的凝血分析仪。不适用于血小板聚集功能和血流变功能检测、即时检测（POCT）的仪器。血液凝固分析仪主要技术要求如下。

**1. 正常工作条件**

（1）电源电压 220V±22V，50Hz±1Hz。

（2）环境温度 18～25℃。

（3）相对湿度 ≤80%。

（4）大气压力　86.0~106.0kPa。

若以上条件与制造商标称的条件不一致时，以产品规定的条件为准。

**2. 预温时间**　预温时间应小于30分钟。

**3. 温度控制**

（1）检测部和温育位恒温装置部的反应体系温度控制在37.0℃±1.0℃范围内。

（2）试剂冷却位温度应不高于20℃。

**4. 检测项目和报告单位**　检测项目至少应该包括血浆凝血酶原时间（PT）、活化部分凝血活酶时间（APTT）、纤维蛋白原（FIB）、凝血酶时间（TT）测定。PT、APTT、TT的报告单位为秒（s），其中PT的测定结果还应报告国际标准化比值（INR），FIB的报告单位为g/L或mg/dl。凝血因子活性（全自动分析仪）的报告单位为U/L或百分比（%）。

**5. 通道差（适用于半自动分析仪）**　不同通道测试所得结果极差≤10%。

**6. 携带污染率（适用于全自动分析仪）**

（1）样品浓度的携带污染率：FIB（g/L）携带污染率应≤10%。

（2）FIB或TT对PT或APTT的携带污染率应符合厂家标称水平。

**7. 测试速度**　或恒定测试速度应不小于仪器说明书标称的测试速度。

**8. 精密度**　分析仪的精密度应符合表3-6、表3-7的要求。

表3-6　半自动仪器不同凝血试验测定项目的精密度要求

| 项目名称 | CV（%） | |
|---|---|---|
| | 正常样本 | 异常样本 |
| PT | ≤5.0（样本要求：11~14s） | ≤10.0 |
| APTT | ≤5.0（样本要求：25~37s） | ≤10.0 |
| FIB | ≤10.0（样本要求：2~4g/L） | ≤20.0 |
| TT | ≤15.0（样本要求：12~16s） | ≤20.0 |

表3-7　全自动仪器不同凝血试验测定项目的精密度要求

| 项目名称 | CV（%） | |
|---|---|---|
| | 正常样本 | 异常样本 |
| PT | ≤3.0（样本要求：11~14s） | ≤8.0 |
| APTT | ≤4.0（样本要求：25~37s） | ≤8.0 |
| FIB | ≤8.0（样本要求：2~4g/L） | ≤15.0 |
| TT | ≤10.0（样本要求：12~16s） | ≤15.0 |

**9. 准确度**　FIB测量的相对偏差不超过±10%。

**10. 线性**

（1）测定FIB的线性范围应达到仪器标称的要求：$r \geq 0.980$。

（2）FIB的线性范围内偏差应符合表3-8的要求。

表3-8　FIB的线性要求

| 项目 | 线性范围（g/L） | 允许偏差范围 |
|---|---|---|
| FIB | 0.7~2.0 | 绝对偏差不超过±0.2g/L |
| | 2.0~5.0 | 绝对偏差不超过±10% |

**11. 连续工作时间** 连续工作 8 小时的偏差应符合表 3 - 9 的要求。

表 3 - 9 连续工作时间要求

| 项目名称 | 允许偏差范围（%） |
| --- | --- |
| PT（s） | 相对偏差不超过 ±15 |
| APTT（s） | 相对偏差不超过 ±10 |
| FIB（g/L） | 相对偏差不超过 ±10 |
| TT（s） | 相对偏差不超过 ±10 |

## 五、血液凝固分析仪的保养与维护

检测前的充分准备和日常规范的维护保养是血凝仪正常运行、延长使用寿命的基本保障。仪器应专人管理专人使用；严格按照说明书做好定期的维护保养；发现问题及时处理；记录仪器使用、维护、检修和更换零配件的详细情况；掌握仪器的工作状态、对减少仪器的故障、保持良好的工作状态、获取准确可靠的分析数据有重要意义。

### （一）半自动血凝分析仪的保养与维护

这类仪器多数采用凝固法或磁珠法检测相关指标。

（1）仪器和加珠器（磁珠法）必须远离电磁场的干扰，最好使用一次性测试杯和去磁小钢珠，使用稳压器提供电源，避免阳光直射和震动，避免仪器受潮和腐蚀。

（2）为避免生物危险，实验时应使用一次性手套，定期用湿润的吸水纸清洁仪器表面和试剂位，用湿润的棉花清洁预温槽、加样器，用漂白液（5% 次氯酸钠溶液）清洁测量孔，如果血浆（试剂、质控物、定标液、缓冲液）污染了仪器，也需用漂白液进行擦拭，然后用清水洗净并干燥。

（3）在尝试将零部件从机器上拆下之前，应先关机，然后将插头从电源插座上拔下。某些调整不得在机壳打开和开机状态下进行，只有厂商授权的人员才可以操作，且必须严格遵守基本安全规则。

### （二）全自动血凝分析仪的保养与维护

**1. 每日维护** 开机前检查水、电是否正常，试剂是否足够；检查样品探针、试剂探针、搅拌器、清洗针有无裂纹、折断和弯曲；打开系统面板，检查泵、水路系统是否漏水；清洗样品探针、试剂探针，防止针管堵塞；清空垃圾箱，清空废液，清洗使用过的反应管。

**2. 每周保养** 每周向液压管内灌注冲洗液，对管路系统进行一次彻底的清洗，清洗纯水滤芯、清洗试剂冷藏位和测试杯槽，清洗洗针池等。

**3. 每月保养** 指示灯校准，清洁机械运动部件和传动滑轨并加润滑油。

**4. 每年保养** 清洁洗液瓶内部，清洁负压器里的灰尘，清洁空气过滤网，更换光源灯等。

目标检测

答案解析

**一、单选题**

1. 血液流变分析仪是一种通过检测人体（　　）来诊断疾病及疾病早起诊断的专用检测仪器。

　　A. 血细胞数量　　　　B. pH　　　　　　C. 血栓　　　　　　D. 血液黏度

2. 毛细管黏度计工作原理的依据是（　　）。

    A. 牛顿的黏滞定律　　　　　　　　　　B. 牛顿定律

    C. 血液黏度定律　　　　　　　　　　　D. 牛顿流体遵循泊肃叶定律

3. 下列有关旋转式黏度计叙述不正确的是（　　）。

    A. 运用激光衍射技术　　　　　　　　　B. 以牛顿黏滞定律为依据

    C. 适用于血细胞变性的测定　　　　　　D. 有圆筒式黏度计和锥板式黏度计

## 二、多选题

1. 血液黏度计按工作原理可分为（　　）。

    A. 毛细管黏度计　　　B. 半自动黏度计　　　C. 旋转式黏度计　　　D. 全自动黏度计

2. 下列属于旋转式黏度计维护的是（　　）。

    A. 克服残留液影响　　　　　　　　　　B. 清洗剪血板

    C. 清洗剪液锥　　　　　　　　　　　　D. 清除测试头严重污染物

## 三、简答题

请简述双磁路磁珠法的原理。

---

**书网融合……**

本章小结

# 第四章　血气和电解质分析仪器

## 学习目标

1. **掌握**　血气和电解质分析仪器的基本原理。
2. **熟悉**　血气和电解质分析仪器的基本结构及技术要求。
3. **了解**　血气和电解质分析仪器的临床应用及保养维护。
4. 学会血气和电解质分析仪器保养与维护的基本技能。

## 岗位情景模拟

**情景描述**　电解质分析仪采用离子选择性电极测量技术可以实现对血清、血浆、全血等生物样本中的电解质进行性检测，为保证数据的准确性，需要对电解质分析仪进行定标，但是电解质分析仪在定标中发现无法检测到标准液 A。

**讨论**　1. 电解质分析仪为什么需要定标？

　　2. 电解质分析仪如何定标？

　　3. 定标液检测不到的可能原因及对应解决办法有哪些？

# 第一节　血气分析仪

## 一、血气分析仪概述

在人体血液中溶解有氧气（$O_2$）、二氧化碳（$CO_2$）等气体，在正常情况下，这些气体的浓度和压力在血液中会保持相对平衡，并且参与到血液酸碱平衡调节中。对人体血液中酸碱度（pH）、二氧化碳分压（$PCO_2$）和氧分压（$PO_2$）的检测，有助于了解人体血液的酸碱平衡情况和含氧情况，从而为疾病诊断以及治疗方案的确定提供有效、科学的依据。血气分析仪（blood gas analyzer）是利用电极对人体血液中的酸碱度、二氧化碳分压和氧分压进行测定的一种仪器，并且可以根据测量出的参数和计算出的相关参数，对呼吸系统相关疾病、麻醉患者，甚至 ICU 患者进行相关参数监测。

### （一）血气分析仪发展史

20 世纪 50 年代中期，西欧脊髓灰质炎流行，丹麦的 Astrup 博士与雷度公司的工程师们合作研制出了世界上第一台血液酸碱平衡仪。1960 年，Astrup 学派的酸碱平衡理论在第一次国际会议上获得公认，血气分析仪作为临床血气相关重要指标的检测仪器被广泛使用，血气分析仪技术也得到迅速发展。

20 世纪 50 ~ 60 年代，血气分析仪基本都是手动操作，并且所需要的样本量很大。随着计算机、自动化等技术的发展，20 世纪 70 ~ 80 年代，pH 电极技术得到提升，出现了敏感玻璃膜制成的 pH 电极，这种电极为气敏电极，可以直接对二氧化碳分压和氧分压进行测定。

1973 年，雷度公司推出的血气分析仪实现了由手动到全自动测定的飞跃转变。基于集成电路的迅速发展，血气分析仪的结构得到进一步改进，传感器探头小型化有益于降低样本量，样品量可以降至几百到几十微升，可测量、计算的参数也有所增加，可以实现自动进样、自动清洗、自动检测仪器故障和电极状态、自动报警等功能，电极的使用寿命和稳定性也不断得到提高。20 世纪 90 年代以后，随着计算机、电子技术进一步在血气分析领域的应用，界面帮助模式以及图标模式的出现使仪器操作更为直观。随着血气分析仪软件和硬件的不断提升，其数据处理、储存、维护以及专家诊断功能都得到不断优化。

> 🔗 **知识链接**
>
> **"血气之父" Astrup**
>
> 　　1952 年，欧洲发生了一次严重的脊髓灰质炎大流行，许多儿童死于该病的并发症——呼吸衰竭。在进行治疗时，需要知道患者血液中的二氧化碳分压，但以当时的检测技术完成该项目的检测，需要两个星期。Poul Astrup 教授经过研究发现，利用特殊的电极来测量 pH，并通过换算可以测定出血液中的二氧化碳分压，从而大大提升了检测速度。当时从事无线电技术的雷度公司与 Astrup 教授合作研发，于 1954 年研制出全球第一台 pH 分析仪，挽救了成千上万患者的生命。

### （二）血气分析仪的分类

　　血气分析仪根据自动化程度，可以分为半自动和全自动两类。与半自动化仪器相比，全自动血气分析仪的自动化程度更高，操作简单，控制灵活，测量和分析计算的参数多，电路集成化程度高，维修方便，故障率较低。这类仪器可以实现自动定标，一般有定时法和不定时法两种定标方法，用户可自行进行选择。定时法是以特定的时间间隔进行定标，用户可在 30 ~ 60 秒范围内自行选择时间间隔，其中一点定标是每个间隔需要进行一次定标、两点定标法每 4 个间隔进行一次定标。不定时法可以按照需求在两次定标间进行自动定标。

　　全自动血气分析仪的操作简单，通过显示屏引导用户一步一步进行操作，进行样品分析或者使用其他功能。主菜单下设有子菜单，包括定标、维护、故障排除、数据撤销、系统设置、操作设置、准备状态、维护设置，如果选择相应的子菜单，显示相关信息，便可以进行相应操作。

### （三）血气分析仪的临床应用

　　血气分析仪是通过对人体血液中的酸碱度、二氧化碳分压、氧分压进行测定，从而分析和评价人体血液酸碱平衡状态和携氧状态的仪器。它还可以用于人体腔液、胃液、脑脊液、尿液等其他体液 pH 的测定。在临床上的应用主要如下。

　　（1）用于肺源性心脏病、气管炎、肺气肿、糖尿病、腹泻、呕吐、中毒等疾病的诊断和治疗。

　　（2）用于昏迷、休克、严重外伤等危急患者的抢救。

　　（3）用于手术，尤其是用体外循环进行的心脏手术等容易引起酸碱平衡紊乱的手术监视，以及治疗效果的观察和研究。

　　血气分析仪已经在临床诊断、抢救上成为不可缺少的仪器之一。

## 二、血气分析仪的基本原理

### （一）血液气体和酸碱度生理学基础

　　**1. 血液中的气体分压**　根据 Dalton 定律，混合气体的总压强等于各气体压强之和。气体分压强可以根据以下公式计算出来：

$$气体分压强 = 混合气体总压强 \times 该气体容积百分比$$

由 Henry 定律可知：在一定温度下，某种气体在血液中的溶解量与其分压成正比关系，而溶解度会随温度的升高而减少。气体的溶解量可以用溶解度系数来表示，即在特定温度下，压力为 101kPa 时 1ml 液体中能够溶解气体的毫升数。

**2. 氧的运输及氧解离曲线**  呼吸对于维持人体正常的生命活动起着重要作用。通过血液的运输作用将 $O_2$ 运送到人体的各个组织，同时又把组织代谢所产生的 $CO_2$ 通过肺部排出体外，$O_2$ 和 $CO_2$ 的运输都要依赖于红细胞中的血红蛋白，血红蛋白载体对 $O_2$ 和 $CO_2$ 具有一定的亲和力。血浆中 $PO_2$ 的改变会直接影响 $O_2$ 与血红蛋白的结合情况。因此，在血气分析中，$PO_2$ 指标的测量对于临床诊断具有十分重要的意义。如果用 $PO_2$ 的值作为横坐标，血氧饱和度的值作为纵坐标，就会得到血液中血红蛋白的氧解离曲线。血红蛋白与 $O_2$ 的结合和解离受到很多因素的影响，影响解离曲线的主要因素如下。

（1）温度  当温度降低时，血红蛋白与 $O_2$ 结合得更加牢固，这时候会发现氧解离曲线左移；当温度升高时，会促进 $O_2$ 的释放，这时候氧解离曲线会右移。

（2）pH 和 $PCO_2$  血液 pH 降低或者 $PCO_2$ 升高的时候，血红蛋白与 $O_2$ 的亲和力会降低，释放 $O_2$ 增加，氧解离曲线出现右移；反之氧解离曲线会出现左移，这种因为酸碱度改变从而影响血红蛋白携氧能力的现象称为波尔效应（Bohr effect）。

（3）2,3 - DPC 浓度  2,3 - DPG 是红细胞糖酵解的产物，它的浓度高低会直接影响血红蛋白的构象变化，从而使血红蛋白与 $O_2$ 的亲和力受到影响。当人体内缺氧时，可能导致体内糖酵解作用加强，从而使红细胞内产生的 2,3 - DPG 量增加，有利于释放出更多的 $O_2$ 提供给各组织。

（4）其他因素  如碳氧血红蛋白、高铁血红蛋白等，可能会对 $O_2$ 的亲和力造成一定影响。

**3. 血液二氧化碳和酸碱度**  当正常人体血液中的 $H^+$ 浓度增高（pH 降低）时或者 $CO_2$ 分压增高时，血红蛋白与氧的亲和力会降低，反之，血红蛋白与氧的亲和力会增高。当血液流经各组织时，由于组织细胞的 pH 比血液 pH 低，$CO_2$ 分压比血液高，从而有利于 $HbO_2$ 释放 $O_2$，同时也有利于血红蛋白和 $H^+$、$CO_2$ 的结合。当血液流经肺时，肺泡的 $O_2$ 分压较高，$HbO_2$ 的生成促进 Hb 释放出 $H^+$ 和 $CO_2$，同时 $CO_2$ 通过呼吸系统呼出，有利于氧合血红蛋白的形成。

**（二）离子选择电极及电位形成**

**1. 能斯特方程**  离子选择电极测定的理论基础是能斯特方程。在血气分析电位法测定过程中，将指示电极与参比电极组成电池，并测定其电动势。离子选择电极与参比电极组成电池后，如果参比电极作为正极，离子选择性电极作为负极，假如测定的为负离子 $X^-$，则电池的电动势为：

$$E = （E_{参考} - K） + 2.303R \times T/F \times lga_{x^-}$$

式中，R 为气体常数；$T$ 为绝对温度；F 为法拉第常数；$（E_{参考} - K）$ 对于某个固定的电极是一个定值；$a_{x^-}$ 为预测离子 $X^-$ 的活度。

**2. 膜电位形成**  通过膜电势的测定可以实现离子选择性电极的应用。膜电势是指不同两相接触，且二者之间发生带电粒子的转移，当达到平衡后，两相之间的电势差被称为膜电势，它是一种相间电势。这里所说的膜可以是固体的，当然也可以是液体的。有的膜能让离子通过，比如细胞膜和渗透膜；有的不能让离子直接通过，比如玻璃膜。但是对于所有的膜，其膜电势是不能单独直接测定出来的，可以通过测定电化学电池（原电池）的电动势来计算出。血气分析测定中，原电池的膜电势与待测溶液中的离子浓度相关。其中膜的一侧是溶液为已知离子活度的标准溶液，而膜的另一侧是离子活度为未知的溶液。膜电势将伴随未知离子活度的不同而发生变化。所以只要测定出上述原电池的电动势就可以计算出该膜的膜电势，并求出溶液中离子的活度。

### （三）血气分析仪的工作原理

随着科学技术的不断提升，血气分析仪也出现了很多型号，虽然它们的自动化程度或者外观差距比较大，但是其基本结构和工作原理基本上是一样的。血气分析仪的基本结构一般包括 pH 电极、$PCO_2$ 电极、$PO_2$ 电极、进样室、放大器元件、$CO_2$ 空气混合器、显示屏和打印机等部件。在进行检测时，通过管路系统蠕动泵将血样抽吸出来，并送入样品室内的测量毛细管中，样本充满四个电极表面，并通过电极对样本进行感测。pH 电极、$PCO_2$ 电极、$PO_2$ 电极分别产生对应于 pH、$PCO_2$、$PO_2$ 三项参数的电信号，对应电信号分别经过放大、模数转换处理后送到微机处理机，同时也可以根据这三项参数计算其他参数，并进行自动分析，如图 4-1 所示。

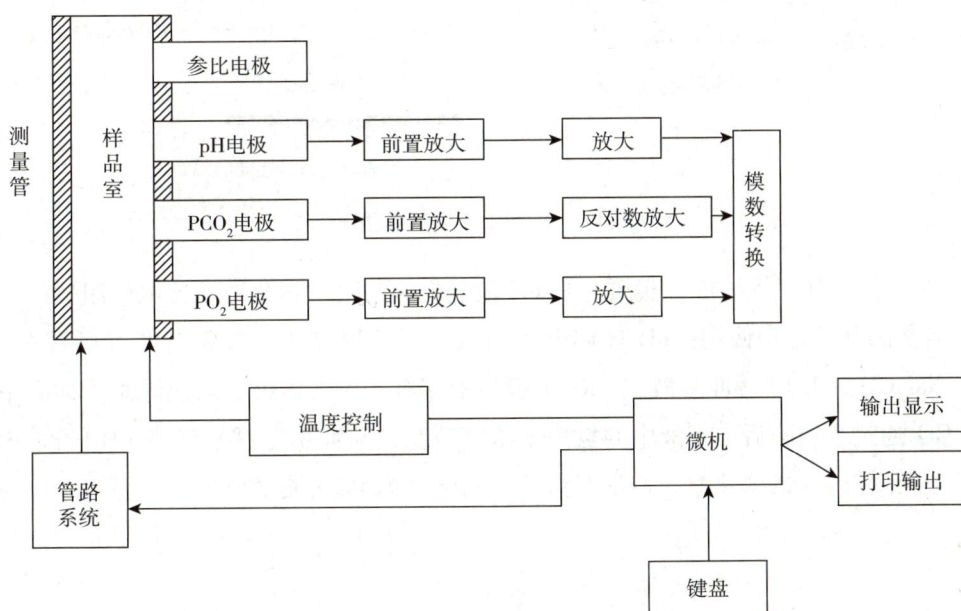

图 4-1　血气分析仪的工作原理图

血气分析方法是一种相对测量方法，在对样品测量之前，需要进行定标操作，在进行定标时需要使用 pH 分别为 7.383 和 6.840 标准缓冲液来进行校准，氧和二氧化碳系统需要用 5% $CO_2$、20% $O_2$ 和 10% $CO_2$、不含 $O_2$ 两种混合气体来进行定标。从而确定出 pH、$PCO_2$ 和 $PO_2$ 三套电极的工作曲线。一般情况下，每种电极都至少需要两种标准物质来进行校准，从而确定建立工作曲线需要提供的至少两个工作点。

## 三、血气分析仪的基本结构

血气分析仪主要由电极系统、管路系统、电路系统及软件系统四大部分组成。

### （一）电极系统

血气分析仪电极系统包括参比电极、pH 电极、$PCO_2$ 电极、$PO_2$ 电极四类电极。其中 pH 电极和 pH 参比电极共同组成 pH 测量系统，可以共同完成 pH 的检测；$PCO_2$ 和 $PO_2$ 测量电极是复合电极，无须再与参比电极配对使用。

**1. pH 电极和 pH 参比电极**　大多选用玻璃电极和甘汞电极，pH 电极核心是极薄的玻璃敏感薄膜，厚度仅为 0.1mm 左右。玻璃敏感薄膜对溶液中氢离子具有选择性，如图 4-2 所示。pH 参比电极多选用甘汞电极，由于其内充的 KCl 溶液浓度不同，甘汞电极可以分为饱和型和非饱和型两种。在进行检测分析时，pH 电极作为负极，甘汞电极作为正极，与待测血液样本组成电化学电池。电池的电动势大小与样本溶液的 pH 大小之间的关系符合能斯特方程。

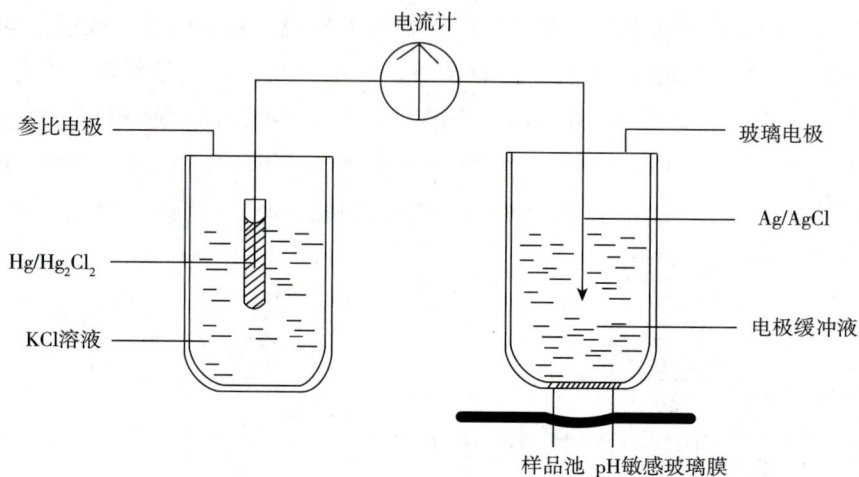

图 4-2 pH 电极示意图

**2. PCO$_2$电极** 是一种气敏电极，实质上是 pH 玻璃电极与银-氯化银参比电极组成的复合电极，因此无须再与其他参比电极配合使用。pH 玻璃电极与银-氯化银参比电极整合在有机材料的电极套中，并且内部装有 NaHCO$_3$-NaCl 缓冲溶液。PCO$_2$电极最前端有一层半透膜，只允许血液样品中 CO$_2$ 等中性小分子通过，CO$_2$ 通过半透膜后，溶液中的氢离子浓度改变，从而引起缓冲溶液 pH 的改变，如图 4-3 所示。由玻璃电极测得 pH 的变化量，经反对数放大器转换为 PCO$_2$测量值。

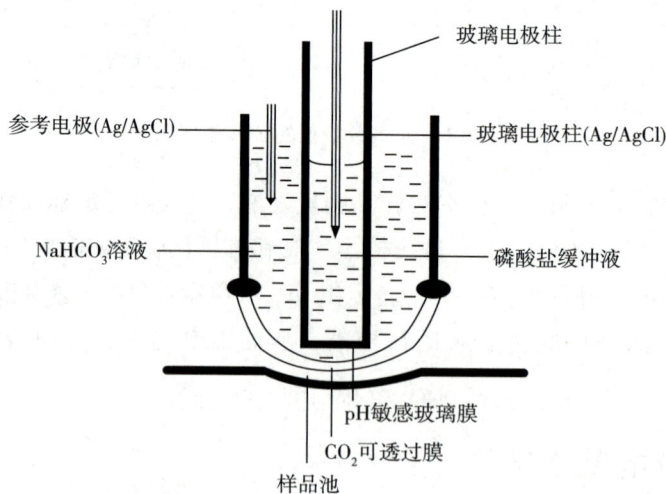

图 4-3 PCO$_2$电极示意图

**3. PO$_2$电极** 同样是一种气敏电极。电极前段有一个透气膜，允许氧分子通过，对氧的测定是基于电解氧的原理实现的。该电极的阴极为铂丝电极，阳极为 Ag-AgCl 电极，在使用中浸泡在磷酸盐缓冲液中。当血液样本中的氧分子通过半透膜进入电极后，当到达铂丝阴极表面时，就会在电极电压的催化下被不断还原，发生氧化还原反应，从而在阴、阳极之间形成电流，如图 4-4 所示。所产生的电解电

流大小与 $PO_2$ 成正比关系。仪器将电流信号经过放大、转换等数据处理，完成 $PO_2$ 测量。

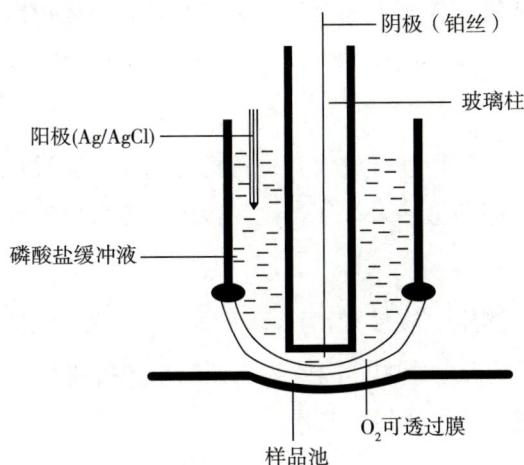

图 4-4　$PO_2$ 电极示意图

在测量分析中，为了确保仪器的稳定性、测量结果的准确性，应该对样品室温度进行严格控制。控制系统通过温度传感器将样品室的温度恒定在 37℃ ±0.1℃。为了方便补充或更换甘汞电极中 KCl 内充液，有的仪器为参比电极配有专用的蠕动泵和两个管道，上管道用于加入新的内充液，下管道用于排出旧的内充液。

$PCO_2$ 电极和 $PO_2$ 电极前端的半透膜通常采用聚丙烯膜或聚四氟乙烯薄膜，样品室的血液与测量电极内缓冲溶液通过半透膜分隔，半透膜只允许 $CO_2$ 或 $O_2$ 分子通过。

### （二）管路系统

血气分析仪一般都有一套配套的管路系统用来配合管路中的泵体和电磁阀工作，从而实现样品的自动定标、自动测量和自动冲洗等功能。通过计算机系统可以实现对泵体和电磁阀的控制、温度的控制以及对定标气体与定标液的控制与监测。管路系统是血气分析仪的重要组成部分，一般由气瓶、溶液瓶、电磁阀、连接管道、负压泵、正压泵和转换装置等部分组成。管路系统结构比较复杂，其具体结构如下。

**1. 气路**　可以为 $PCO_2$ 和 $PO_2$ 定标提供两种电极定标时所用的两种定标气体。氧和二氧化碳系统需要用 5% $CO_2$、20% $O_2$ 和 10% $CO_2$、不含 $O_2$ 两种混合气体来进行定标。血气分析仪气路的供气方式分为两种：压缩气瓶供气方式（外配气方式）和气体混合器供气方式（内配气方式）。气瓶上安装减压阀，气体压力通过气压表进行显示。不同浓度的气体会按照一定的比例进行精确配比，之后装入气瓶经阀或者转换装置送到测量室中，并完成对 $PCO_2$ 和 $PO_2$ 电极的定标。

气体混合器供气方式用仪器本身的气体混合器产生定标气。空气压缩机产生的压缩空气和气瓶送来的纯二氧化碳气体通过气体混合器进行配比与混合操作，最后会产生两种不同浓度的气体。这两种气体要经过湿化器湿化之后，才能输送给测量毛细管。

**2. 液路**　血气分析仪的液路具有为 pH 电极系统提供定标用的两种缓冲液、采集样品并进行测定，以及自动将定标和测量时留存在测量毛细管中的缓冲液或血液样本冲洗干净的功能。有些血气分析仪还配有专用的清洗液，在每次两点定标之前，需要先用清洗液对样品室完成进行清洗。

血气分析仪液路系统的基本组成如下：盛装各种试剂和液体的容器、连接管道、电磁阀、真空泵、蠕动泵等。电磁阀可以对流体的通断进行控制，如果是夹断阀，可以利用电磁阀的开关将夹在阀中的弹性管压扁，或者松开实现通断，也有的液路系统使用三通阀。真空泵可以产生负压，可以吸引冲洗液或干燥的空气，从而可以用来冲洗管路或者干燥测量毛细管，真空泵还可以用于湿化器的快速充液。蠕动泵可以用来抽吸样品或定标液。

### （三）电路系统

电路系统的工作是将仪器测量信号进行放大并进行模数转换，通过计算机系统处理、运算后得出分析数据，并将数据进行显示并打印测量结果；通过键盘输入指令可以实现对仪器的定标、温度检测等。

### （四）软件系统

血气分析仪需要执行定标、测定、质控和清洗等程序，并且需要完成相关参数的计算。由于 $PCO_2$ 和 $PO_2$ 结果受到患者体温及输氧情况的影响，因此为保证结果的准确性，软件系统中还包括患者血红蛋白含量、氯离子浓度、体温、输氧情况等输入选项。

## 四、血气分析仪的技术要求

2021 年 12 月 6 日，国家药品监督管理局发布了血气分析仪的行业标准 YY/T 1784—2021，于 2023 年 5 月 1 日开始正式实施。此标准适用于采用选择性电极为传感器，通过电化学技术，对人体血液样本或其他体液样本进行血气项目酸碱度、二氧化碳分压、氧分压检测的血气分析仪。此标准规定了血气分析仪的基本参数、要求、试验方法、标志、标签、使用说明和包装、运输、贮存。

血气分析仪的准确度、精密度、线性、稳定性、携带污染率应符合表 4 - 1 的要求。

表 4 - 1    血气分析仪技术参数要求

| 参数 | 准确度<br>（相对偏差或绝对偏差） | 精密度（CV） | | 线性 | | 稳定性<br>（R） | 携带污染率<br>（C） |
| --- | --- | --- | --- | --- | --- | --- | --- |
| | | 区间 | 要求 | 区间 | 相关系数（r） | | |
| pH | 绝对偏差不超过 ±0.04 | 7.35 ~ 7.45 | ≤0.3% | 6.80 ~ 7.80 | ≥0.99 | ≤0.5% | ≤1.0% |
| $PCO_2$ | 相对偏差不超过 ±5.0%，<br>绝对偏差不超过 ±5mmHg | 35 ~ 45mmHg | ≤3.0% | 20 ~ 120mmHg | ≥0.99 | ≤4.0% | ≤3.0% |
| $PO_2$ | 相对偏差不超过 ±5.0%，<br>绝对偏差不超过 ±5mmHg | 80 ~ 100mmHg | ≤3.0% | 30 ~ 420mmHg | ≥0.99 | ≤4.0% | ≤3.0% |

## 五、血气分析仪的保养与维护

由于血气分析仪的结构复杂，包括电极系统、管路系统、电路系统、计算机系统等。在检测中管路系统容易出现堵塞等问题，电极系统对于检测结果的准确性起着重要的作用，所以对于血气分析仪的保养与维护对于提高血气分析仪检测结果的准确性及延长仪器的使用寿命起着重要的作用。血气分析仪保养与维护主要分为日常性保养与针对电极系统的保养。

### （一）血气分析仪的保养与维护

（1）大气压力及钢瓶气体压力，需要每天检查并确认。

（2）标准液、冲洗液是否过期以及蒸馏水剩余量。

（3）内电极液每周更换一次，定期更换电极膜。

（4）分析仪去污处理每周需要进行一次。同时每周至少冲洗一次管道系统，并擦洗分析室。如果仪器进行连续测定时，每天需要对血气分析仪的管道测量系统进行去蛋白处理，并清理废液瓶中的废液，并查看试剂、标准气体的存留量，不足时需要及时更换。

（5）如果电极使用时间较长，电极出现反应速度变慢现象时，可以用电极活化液对 pH 电极和 $PCO_2$ 电极进行活化，对 $PO_2$ 电极表面进行打磨处理，去除电极表面的氧化层。

（6）避免使用仪器测定强酸或强碱样品，避免损坏电极。如果需要对偏酸或偏碱液进行测定时，可以对仪器进行几次一点校正。

（7）保持恒定的测试温度，避免高温，避免由于温度过高影响仪器的准确性和电极的稳定性。

（8）血气分析仪不测定时把分析仪设定为睡眠状态，也可避免试剂的浪费。

### （二）电极的保养与维护

电极性能的好坏直接影响血气分析仪结果的准确性和稳定性，而且电极一般比较贵重，为延长其使用寿命应格外注意对电极的保养与维护。

**1. pH 电极的保养**　pH 电极寿命一般为 1 ~ 2 年。所以在选配 pH 电极时应注意其生产日期，避免过期失效。对 pH 电极需要经常进行清洗操作，一般按照血液→缓冲液或生理盐水→水→空气的顺序进行清洗，从而将 pH 电极表面黏附的纤维蛋白清洗掉，如果清洗后仍然不能正常工作，就应该更换新电极。在对 pH 电极进行清洗时，不能使用有机溶剂擦拭表面，避免电极表面绝缘的硅油被溶解掉，从而出现漂移现象。另外，还要避免电极的绝缘性遭到破坏。

**2. 参比电极的保养**　血气分析仪的参比电极一般选用甘汞电极。参比电极套需要进行定期更换。如果一天做 100 个样品，每周应更换一次；在样品较少时，可以根据具体情况延长更换时间。在每次对盐桥或电极内的 KCl 溶液进行更换时，除加入室温下饱和的 KCl 溶液外，还需要加入一些 KCl 结晶，从而确保在 37℃ 恒温条件下也能达到饱和，同时防止气泡产生。

**3. $PCO_2$ 电极的保养**　$PCO_2$ 电极为气敏性电极，在使用中应该注意保持 $PCO_2$ 电极半透膜平整、清洁、无皱纹、裂缝或者针眼。为了避免在使用中产生气泡，半透膜和尼龙网应与玻璃膜紧贴。电极使用时间长后，$Ag^+$ 或 AgCl 会在阴极端的磨砂玻璃上形成沉积，一般情况下可使用缓冲液浸湿的细砂纸轻轻打磨以去除沉积物，之后再用外缓冲液冲洗干净。$PCO_2$ 电极要经常使用专用清洁剂进行清洗，如果通过清洗、更换缓冲液等操作后仍然不能正常工作，这种情况下就应该考虑更换半透膜。

**4. $PO_2$ 电极的保养**　应保持 $PO_2$ 电极端部和四个铂丝点干净、明亮。每次对 $PO_2$ 电极清洗时，应使用专用电极膏对 $PO_2$ 电极进行研磨保养。在对 $PO_2$ 电极进行清洗时，要注意研磨时用电极膏将该电极的阳极一起擦拭干净，并且氧电极内充的氧电极液不要弄混。在对 $PCO_2$ 电极和 $PO_2$ 电极进行保养后，需要对其进行两点校准，并执行质控，从而确保仪器的稳定性。

# 第二节　电解质分析仪

## 一、电解质分析仪概述

电解质分析仪是采用离子选择性电极测量技术对样本中电解质检测的一种设备，能够检测的生物样本主要包括血清、血浆、全血以及稀释的尿液等。电解质分析仪具有结构简单，操作方便，测量结果精确、可靠、快速以及所需要样品量少等优点，并且在检测中不破坏测试样品，不需要对样本进行复杂的预处理等操作。目前，电解质分析仪已经成为临床检测仪器的重要组成部分。

电解质测定方法有许多种，比如离子色谱法、同位素稀释法、火焰光度法、等离子体发射光谱法、原子吸收光谱法、质谱法、化学分析法、离子选择电极法等。其中，离子选择电极法具有准确度良好、精密度高、操作简单、检测速度快等优势。电解质分析仪具有钠、钾、氯、钙、锂等指示电极和参比电极，通过检测一个已知离子浓度的标准溶液获得对应的校准曲线，进而检测样本中的离子浓度。以离子选择电极为基础的多功能电解质分析仪已经在临床生化检验中得到广泛应用。

### （一）电解质分析仪发展史

离子测定其实很早就开始应用于临床，测定电解质的方法其实也很多，比如有化学比色、原子吸收分光光度法、火焰光度法和滴定法等。但是由于之前设备制造技术及实验室技术等方面的限制，早期对电解质的检测操作相对比较烦琐，操作中涉及的人为因素比较多，测定结果不近人意。

到了 20 世纪初，德国 F·哈伯等人研制出世界上第一种玻璃膜性质的离子选择电极——pH 电极，玻璃膜电极的出现使离子选择分析技术应用于临床成为可能。离子选择电极技术不断发展。1937 年，I. M. 科尔托夫用卤化银薄片制出了卤素离子电极。20 世纪 60 年代，美国的 M. S. 弗兰特和 J. W. 罗斯发明出了高选择性的氟离子电极和钙离子电极，瑞士的西蒙学派发明出了钾电极，开始了对中性载体膜电极的研究。截至 20 世纪 60 年代末，商品化的离子选择性电极已经有 20 种左右，这一分析技术也开始成为电化学分析法中的一个独立的分支学科。

电极的临床应用不仅仅局限于对各种离子的测定，同时还可以用于对葡萄糖、尿素等代谢产物的测定。基于离子选择电极的差示电位法，制备出了电极干片，从而使离子电极干片测定技术被广泛应用。

目前，临床上对人体血液或其他体液中 $Na^+$、$K^+$、$Ca^{2+}$、$Mg^{2+}$、$Cl^-$、$HCO^-$ 以及无机磷等离子的测定，一般都是采用离子选择电极法进行检测。随着电化学传感器和自动分析技术的发展，20 世纪 80 年代以来，基于离子选择电极的电解质分析仪已经被广泛应用于临床电解质测定中。

### （二）电解质分析仪的分类

**1. 按照自动化程度分类**　电解质分析仪可以分为半自动电解质分析仪和全自动电解质分析仪。

**2. 按照工作方式分类**　电解质分析仪可以分为湿式电解质分析仪和干式电解质分析仪两种。

（1）湿式电解质分析仪　是将离子选择性电极和参比电极插入被测样本中从而形成电化学池，之后通过检测电化学池中电动势变化情况进行测试及分析。在进行检测时，样品通过蠕动泵的抽吸进入电极中，只有当所有电极都感测到被测样本时，管路才能停止吸取样本。参比电极可以为其他电极提供一个共同的电位参考点，也就是其他指示电极的电位都是以参考电极的电位为基准的。各指示电极多感测到的离子浓度分别转换成不同的电信号，之后经过放大、计算机运算处理后，将测量结果送到显示器进行显示，并通过打印机打印出检测结果。

电解质分析方法同样也是一种相对测量方法。所以，在进行测量之前，需要用标准液对电极系统进行定标或校准。电极系统通过 A、B 两种液体来进行定标，无论哪种型号的电解质分析仪，都需要先对电极进行两点定标，建立好工作曲线之后才能进行测量。如果定标不通过，仪器就无法进行测量工作。

（2）干式电解质分析仪　是半导体技术和电化学技术的相互渗透的成果，当传感器的敏感膜与溶液相互接触时，就可以有选择性地与溶液中的离子产生响应，并且符合能斯特方程。电解质干化学测定一般分为两类：反射光度法和离子选择性电极法。

干式电解质分析仪由包括两个完全相同的离子选择性电极的多层膜片组成，两者均是由离子选择性敏感膜、参比层、氯化银层和银层等组成，并且通过一个纸盐桥相连起来，左边是样品电极，右边作为参比电极。在进行测定时，每测一个项目需要使用一个干片，每个干片上都有条形识别码，电解质分析仪可以自动对测定项目进行识别。

### （三）电解质分析仪的临床应用

电解质在机体中具有非常重要的生理功能。当机体的某些器官发生病变或受到外源性因素的影响时，有可能会引起或伴有电解质代谢紊乱的现象。电解质测定的临床意义如下。

人体内电解质的紊乱属于一种全身性的疾病，其中脏器与组织比较广泛，会引起各器官、脏器的生理性失调，特别是对心脏和神经系统具有很大的影响。

电解质含量的高低往往与人体的某些疾病有关系。比如呕吐、腹泻、慢性肾上腺皮质功能减退、糖尿病、酮症酸中毒等大多是由于体液中低钠引起的；心源性水肿、肝腹水、肾上腺皮质功能亢进、脑瘤等患者多会出现钠过多症状。

电解质含量的过量或者偏低，会影响人体的正常代谢或者抗病能力。

电解质与水的代谢紊乱病大多为体质性慢性疾病，常伴有遗传倾向，影响人的生长、发育、成熟和衰老过程。

电解质分析仪是专门为临床实验室而设计的采用离子选择电极测量离子浓度的分析仪器。电解质分析仪主要用于检测 $Na^+$、$K^+$、$Cl^-$，部分机型还可检测 $Li^+$、$Ca^{2+}$、$Mg^{2+}$ 等。

## 二、电解质分析仪的基本原理

### （一）离子选择性电极的工作原理

离子选择性电极是用一种特殊的敏感膜制成，对溶液中某种特定离子具有选择性。离子选择性电极一般包括敏感膜、内参比电极、内参比溶液和电极管等部分。

当把离子选择性电极放入溶液之后，与电极对应的离子会在电极敏感膜和溶液界面之间发生离子的交换以及扩散，两相中原有的电荷分布情况被改变，并且形成双电层，从而产生了膜电位。膜电位和内参比电极的电位共同决定了离子选择性电极的电位，并且在一定条件下内参比电极的电位值为一个固定值，内充溶液的离子活度恒定，而离子选择性电极的电位变化符合下式规律：

$$\varphi_{ISE} = k \pm \frac{2.303RT}{nF}\ln C_x f_x$$

式中，正极为阳离子选择性电极，负极为阴离子选择性电极，$R$ 是气体常数，$F$ 是法拉第常数，$n$ 是离子电荷数，$T$ 是热力学温度，$C_x$ 是被测离子浓度，$f_x$ 是被测离子活度系数，$k$ 在测量条件恒定时是一个常数。

在一定温度条件下，离子选择性电极的电位与被测离子浓度的对数呈线性关系，也就是说，离子选择性电极的电位值可以用于表征被测离子的浓度或活度的变化情况。由于离子选择性电极的敏感膜材料只能对相对应的某种特定的离子响应，所以在进行检测时，需要根据被测离子来选择与其相对应的电极。

### （二）电解质分析仪的工作原理

离子选择性电极测试方法的管路一般采用毛细管测试管路，正极为离子选择性电极，负极为参比电极。在检测中通过测量原电池的电动势变化就可以求出被测离子的浓度或者活度值，信号再经过放大处理后，就可以将测试结果送到显示器进行显示或者传入打印机打印。

在测量过程中，当离子选择性电极与样本溶液相接触时，在离子选择性电极的电极膜上会发生离子的交换和扩散，各离子选择性电极的膜电位从而发生改变，并且与参比电极之间产生电位差，形成电动势 $E$。通过测量原电池的电动势 $E$，就可以获得被测离子的浓度或者活度。在这里，参比电极的电位是一个固定值，电动势 $E$ 可以表示为：

$$E = \varphi_{ISE} - \varphi_{参比} = (k - \varphi_{参比}) + \frac{2.303RT}{F}\ln C_x f_x$$

由于饱和甘汞电极的电位是一个定值，所以这个电池的电动势就会随着待测样本溶液的 pH 变化而发生变化，也就是说，只要测定出该原电池的电动势就可以得出样本溶液对应的 pH。电解质分析仪一般会配备不同类型的离子选择性电极，因此电解质分析仪既可以用于样本溶液 pH 的测定，也可以完成 $K^+$、$Na^+$、$Li^+$、$Ca^{2+}$、$Mg^{2+}$、$Cl^-$ 等离子活度或浓度的检测。

离子选择性电极在测定时包含直接电位法和间接电位法两种。待测样本和标准液都不经过稀释，而是直接通过离子选择性电极进行测量，这种情况属于直接电位法。如果对待测样品和标准液通过特定的离子强度缓冲液进行稀释后再由电极进行测量，这种属于间接电位法。

## 三、电解质分析仪的基本结构

电解质分析仪结构与血气分析仪的结构比较类似，主要包括电极系统、液路系统、电路系统和软件系统等。其中电极系统是电解质分析仪核心部分，在日常保养和维护中也要对电极系统格外关注，因为电极系统直接关系到了测定结果的准确性和系统的稳定性。

### （一）电极系统

电极系统主要包括指示电极和参比电极两大部分。在指示电极中，pH、$Na^+$、$Li^+$ 电极属于玻璃电极，$K^+$、$Ca^{2+}$、$Mg^{2+}$ 电极是流动载体电极或称为液膜电极，$Cl^-$ 电极是晶体膜电极，参比电极常常采用甘汞电极。由于玻璃敏感膜的成分不同，所以电极对不同的离子具有选择性，液膜电极的膜内含特异性的液体敏感物质，$Cl^-$ 电极是晶体膜电极，其敏感膜由 AgCl 难溶盐构成。

**1. 玻璃电极的工作原理**　由于内充液和待测外部溶液中的 $H^+$、$Na^+$、$Li^+$ 等与硅酸钠玻璃膜上的 $Na^+$ 会发生交换，内外离子浓度不一致，所以会形成跨膜电位，跨膜电位值大小与待测离子活度（或浓度）符合能斯特方程，通过该方法可以实现对离子浓度的定量分析。玻璃电极的选择性与其玻璃敏感膜的成分配比有关系，通过改变其配比可以实现其对不同离子的选择性。玻璃膜的完整性、洁净度、内充液离子活度的稳定性以及膜内外各项性质的一致性直接关系到玻璃电极的性能。

**2. 流动载体电极的工作原理**　当液膜内外待测离子浓度不一致时，待测离子会顺着浓度差方向被膜中特异性离子交换剂（液体敏感物质）转运，从而产生跨膜电位，跨膜电位值大小与待测离子浓度（或活度）关系符合能斯特方程。流动载体电极的性能主要取决于液膜的完整性、洁净度、内充液离子活度的稳定性以及离子交换剂的活性等。

**3. 晶体膜电极的工作原理**　当膜内外待测离子浓度不一致时，待测离子会顺着浓度差通过膜中晶穴进行传递，从而产生跨膜电位，同样跨膜电位值大小与待测离子浓度（或活度）的关系符合能斯特方程。晶体膜的完整性、洁净度、电极内充液离子活度的稳定性等会直接影响晶体膜电极的性能。

**4. 参比电极的工作原理**　归根到底是氧化还原反应，电位值的大小可以用于电动势测量时的标准对照。参比电极的性能主要与测量温度、电极内盐桥液中 KCl 浓度等因素相关。所以对于参比电极，一般会要求参比电极的电位在温度、压力一定的条件下为一固定值，并且数值要准确、已知。另外，电解质分析仪一般会设置一个流路，通过蠕动泵向甘汞电极中添加 KCl 溶液，从而维持参比电极的稳定性。

### （二）液路系统

电解质分析仪液路系统一般由电极系统、标本盘、溶液瓶、吸样针、三通阀和蠕动泵等组成。液路系统的主要作用是为加样室提供样本溶液或定标液。蠕动泵可以为各种试剂的流动提供动力，微机系统可以对蠕动泵、样品盘和三通阀进行控制。液路系统通路包括定标液通路、样本通路、冲洗液通路、回水通路、废液通路和电磁阀通路等。液路系统直接影响样品浓度测定的准确性和稳定性。

### （三）电路系统

电路系统一般包括电源电路模块、微处理器模块、输入输出模块、信号放大及数据采集模块、蠕动泵和三通阀控制模块等。电路系统可以实现将电极产生的微弱信号经放大器进行放大，并送入 A/D 转换，然后送至数字显示器进行显示并打印结果。

### （四）软件系统

软件系统是控制仪器运作的关键部分。它可以为仪器微处理系统、仪器设定、仪器测定和自动清洗等操作提供程序。

## 四、电解质分析仪的技术要求

2016 年 3 月 23 日，国家食品药品监督管理总局发布了电解质分析仪的行业标准 YY/T 0589—2016，代替 YY/T 0589—2005，于 2017 年 1 月 1 日开始正式实施。此标准适用于以离子选择电极为传感器的电解质分析仪，仪器适用于人体临床电解质项目检测。生化分析仪上的电解质模块可以参照该标准。此标准中详细规定了电解质分析仪的分类及基本参数、要求、试验方法、标志、标签、使用说明书和包装、运输、贮存。

电解质分析仪主要性能要求主要包括准确度、精密度、线性、稳定性、携带污染率等要求，具体见表 4 - 2。

表 4 - 2　仪器技术参数要求

| 参数 | 准确度（偏差） | 精密度（CV） | 线性 | | | 稳定性（R） | 携带污染率（C） |
| --- | --- | --- | --- | --- | --- | --- | --- |
| | | | 区间（mmol/L） | 偏差 | 相关系数（r） | | |
| $K^+$ | 不超过 ±3.0% | | 1.5 ~ 7.5 | ≤3.0% | | ≤2.0% | ≤1.5% |
| $Na^+$ | 不超过 ±3.0% | | 100.0 ~ 180.0 | ≤3.0% | | ≤2.0% | ≤1.5% |
| $Cl^-$ | 不超过 ±3.0% | ≤1.5% | 80.0 ~ 160.0 | ≤3.0% | ≥0.995 | ≤2.0% | ≤1.5% |
| $Li^+$ | 不超过 ±5.0% 或 ±0.05mmol/L | | 0.4 ~ 2.00 | ≤5.0% 或 0.05mmol/L | | ≤3.0% | ≤2.0% |
| $Ca^{2+}$ | 不超过 ±5.0% 或 ±0.05mmol/L | | 0.50 ~ 2.50 | ≤5.0% 或 0.05mmol/L | | ≤3.0% | ≤2.0% |

## 五、电解质分析仪的保养与维护

### （一）电极系统的保养与维护

电极系统对于电解质分析仪是一个非常重要的结构，因此，对电极系统进行正确的维护和保养，对于电极系统的稳定性和检测数据的准确性起着重要的作用。由于仪器在工作过程中，电极的内充液与样本之间存在离子交换的过程，从而使电极内充液的浓度随着离子交换的进行逐渐降低，导致膜电位下降，使得测量结果偏低。在对电解质分析仪保养与维护中，需要定期对电极内充液中的离子含量进行检查。一般情况下，钾、锂电极需要每 6 个月更换一次，钠电极和参比电极则需要每 12 个月更换一次。

**1. 钠电极**　在钠电极的每日保养中，需要用厂家提供的清洁液和钠电极调整液进行清洗和调整。在日常使用中会发现，钠电极内充液的浓度降低最为严重，需要对其经常检查，并根据具体情况调整内充液浓度。另外，在保养时应注意钠电极调整液中含有的氟化钠对玻璃有腐蚀性，在进行保养维护时要特别注意。

**2. 氯电极**　其电极膜容易吸附蛋白质，最好用物理办法进行膜电极的清洁。在进行清洁时可以用柔软的棉线穿过电极，轻轻地来回擦拭电极内壁，将电极膜处聚集的污物擦洗干净。

**3. 钾电极**　在使用过程中同样容易吸附蛋白质，影响电极的灵敏度，每月至少应更换一次内充液。

**4. 参比电极**　每周均需检查电极内的饱和氯化钾溶液及氯化钾残片是否充足。一般情况下 3 个月更换一次参比电极膜，同时对电极套进行清洗。

## （二）液路系统的保养与维护

在检测中样本、调整液、清洗液等都需要在液路系统中流通，液路系统对于电解质分析仪的正常运行起着至关重要的作用。在平时检测中特别容易出现管路堵塞的问题，这是由于仪器在测量过程中，蛋白质容易附着在液流通路的泵、管路或者电极系统毛细管的内壁上，如果电解质分析仪的工作量比较大，内壁附着的蛋白质就会越积越厚，从而出现管路堵塞的问题，管路出现堵塞会影响待测样本与电极间的测量电位，进而影响测试结果的准确性。

（1）随着电解质分析仪自动化程度的不断增强，大多数电解质分析仪会配有仪器流路维护程序，因此在维护中可以根据程序对流路进行维护。当流路维护程序结束后，需要对仪器进行重新定标。

（2）每天工作结束关机前都要对电解质分析仪管路进行清洗，从而保证仪器流路中无蛋白质、脂类沉积和盐类结晶的积累，在流路程序中，需要吸入清洗液、去蛋白液或蒸馏水对流路进行冲洗，一般重复2~3次。冲洗结束后，需要对仪器重新进行定标。

## （三）日常保养与维护

按照使用说明书上的要求，需要对电解质分析仪进行每日维护、每周维护、每月维护和每季维护。

**1. 每日保养与维护**  主要包括检查所有试剂的量，如果不足1/4时应及时更换试剂或补充；对仪器表面及吸样探针进行清洁；及时清除废液瓶中废液。

**2. 每周保养与维护**  主要是对仪器进行流路清洗，从而除去流路中的蛋白质、脂类沉积和盐类结晶等，避免管路发生堵塞。

**3. 每月保养与维护**  需要将泵管取下来，检查泵管内是否有堵塞问题，如果有堵塞可以用酒精棉球清洁泵管和不锈钢转轴，并且在泵管的弯处涂抹硅油或白色凡士林等润滑剂。

**4. 每季保养与维护**  主要是对仪器进行消毒以及泵管的清洁工作等。在进行消毒时，一般用2%过氧化氢溶液对仪器所有表面进行消毒，并且清洁泵轮，检查泵管。如果发现有变形厉害，或使用过程中抽液减少等问题，需要及时更换泵管。

## 目标检测

答案解析

### 一、单选题

1. 血气分析仪主要用于对（　）功能诊断和酸碱平衡诊断。

    A. 消化　　　　　　B. 神经　　　　　　C. 内分泌　　　　　　D. 呼吸

2. 临床上使用的电解质分析仪，测量样本溶液中离子浓度的电极是（　）。

    A. 离子选择电极　　B. 氧化还原电极　　C. 金属电极　　　　　D. 气敏电极

3. 血气分析仪出现血块堵塞时，可采用（　）。

    A. 强力冲洗程序　　B. 更换仪器　　　　C. 用金属丝捅　　　　D. 拆卸装置

### 二、多选题

1. 电解质分析仪电极系统是测定样品的关键，它包括（　）。

    A. 二氧化碳分压电极　　　　　　　　　B. 参比电极

    C. 指示电极　　　　　　　　　　　　　D. 氧分压电极

2. 普通血气分析仪中包含的电极是（　　）。

  A. 血氧饱和度电极　　　　　　　　B. pH 电极

  C. 二氧化碳分压电极　　　　　　　D. 氧分压电极

## 三、简答题

请简述血气分析仪 $PCO_2$ 电极的工作原理。

---

**书网融合……**

本章小结

# 第五章　尿液和尿沉渣分析仪器

PPT

**学习目标**

1. **掌握**　尿液和尿沉渣分析仪器的基本原理。
2. **熟悉**　尿液和尿沉渣分析仪器的基本结构及技术要求。
3. **了解**　尿液和尿沉渣分析仪器的临床应用及保养维护。
4. 学会尿液和尿沉渣分析仪器保养与维护的基本技能。

## 岗位情景模拟

**情景描述**　尿液分析仪为泌尿系统疾病的诊断与疗效观察提供了有效依据，目前在尿液分析中多采用尿干化学试剂带进行检测，但是在检测中也会出现无法识别试剂条的故障，从而无法获得相应样本检测数据。

**讨论**　1. 尿液分析仪的基本工作原理是什么？

2. 尿液分析仪基本结构、多联试剂带的基本结构及作用是什么？

3. 造成试剂带无法识别的可能原因及解决方法有哪些？

# 第一节　尿液分析仪

## 一、尿液分析仪概述

尿液分析仪在对临床患者的各种疾病筛查、辅助诊断、鉴别诊断、预后观察、健康体检和流行病学调查等方面都有着广泛的应用。尿液分析是指运用物理、化学方法，结合显微镜及其他仪器对尿液标本进行检测分析，从而实现对泌尿、循环、消化、内分泌等系统的疾病进行诊断、疗效观察及预后判断的目的。目前，尿液分析仪是医院检验室最常规的检验仪器之一。

随着自动化、计算机技术的不断提升，目前尿液分析仪可以实现对葡萄糖、尿蛋白、酮体、胆红素、亚硝酸盐、尿胆原、红细胞（潜血）、酸碱度、比重等项目的检测，同时某些仪器还可以实现对尿颜色、浊度、维生素C、尿微量白蛋白、尿肌酐等项目的检测，对于很多项目的检测目前已经可以实现半定量测定。在进行检测时，依靠仪器内的反射光度计或数字图像相机等获取相关信号，可以依据反射率和颜色变化确定各种成分的水平，并给出半定量结果。同时其检测数据可以迅速通过实验室信息系统传送给医生，加快了报告传递速度。

### （一）尿液分析仪发展史

尿液分析是诊断泌尿系统疾病的重要手段之一，最早的尿液分析可以追溯到公元400年前，希波克拉底发现，一般发热的患者尿液与正常人相比，其气味和颜色都有所改变。经典的尿液分析需要对尿液物理性状和化学成分的变化进行观察，并通过镜检观察尿液或尿沉渣中红细胞、白细胞、管型等有形成分的有无、多少甚至形态的变化。随着技术的发展，后来又引入了对尿液葡萄糖、尿液蛋白、尿液酮体等化学成分进行测试，这些检测项目的出现在泌尿系统疾病的诊断方面发挥了相当大的作用。随着自动化、计算机等科学技术的进步，尿液干化学分析技术得以迅速发展。1956 年，美国两家公司同时创建了利用葡萄糖氧化酶法测定尿液葡萄糖的干片试纸法，这种"浸入即读"的干片试剂带使用方便、检测速度快，大大提升了尿液分析速度，为疾病的及时诊断提供了技术支持。之后又出现了尿液葡萄糖和尿蛋白的二联试带，以及同时测定尿葡萄糖、尿蛋白和尿 pH 的三联试带，直至现在广泛使用的尿液八项、十项、十一项等组合的尿液干片试带，有些厂家还增加了颜色校正模块以及对干扰物进行检测的更多组合的尿液分析干片试带。

在对干片试剂带进行分析时，最早是依靠肉眼对干片试剂带与尿液反应后的颜色进行识别，从而完成定性判断。随着技术的不断提升，开始使用反射光电比色法对干片试剂带进行分析。针对尿液分析仪的取样，一般是用干片试剂带直接与样本进行接触，当然根据仪器结构的不同，其接触方式也是不一样的，半自动尿液分析仪采用的是"人工蘸样"的方式，而全自动尿液分析仪采用的是"自动蘸样"的方式。自动化程度的提升将检验人员从手工蘸样的重复劳动中解放出来，并且可以精确把控样本蘸取时间，从而使检测结果更加可靠。同时，自动蘸取的方式也会存在一定的缺点，比如蘸取方式很容易出现交叉污染的问题，并且样本的取样量不容易掌控。随着技术的提升，目前已经出现滴样式的全自动尿液干化学分析仪。

### （二）尿液分析仪的分类

**1. 按照自动化程度分类**　尿液分析仪可以分为半自动尿液化学分析仪和全自动尿液化学分析仪。

**2. 按照工作方式分类**　尿液分析仪可分为湿式尿液化学分析仪和干式尿液化学分析仪。其中干式尿液化学分析仪具有结构简单、使用方便等优势，在临床上被广泛使用。

**3. 按照测试项目分类**

（1）八项尿液化学分析仪　检测项目包括尿蛋白（PRO）、尿糖（CLU）、尿 pH、尿酮体（KET）、尿胆红素（BIL）、尿胆原（URO）、尿潜血（BLD）和尿亚硝酸盐（NIT）。

（2）九项尿液化学分析仪　检测项目包括尿蛋白（PRO）、尿糖（CLU）、尿 pH、尿酮体（KET）、尿胆红素（BIL）、尿胆原（URO）、尿潜血（BLD）、尿亚硝酸盐（NIT）、尿白细胞（LEU）。

（3）十项尿液化学分析仪　检测项目包括尿蛋白（PRO）、尿糖（CLU）、尿 pH、尿酮体（KET）、尿胆红素（BIL）、尿胆原（URO）、尿潜血（BLD）、尿亚硝酸盐（NIT）、尿白细胞（LEU）、尿比重（SG）。

（4）十一项尿液化学分析仪　检测项目包括尿蛋白（PRO）、尿糖（CLU）、尿 pH、尿酮体（KET）、尿胆红素（BIL）、尿胆原（URO）、尿潜血（BLD）、尿亚硝酸盐（NIT）、尿白细胞（LEU）、尿比重（SG）、维生素 C。

（5）十二项尿液化学分析仪　检测项目包括尿蛋白（PRO）、尿糖（CLU）、尿 pH、尿酮体（KET）、尿胆红素（BIL）、尿胆原（URO）、尿潜血（BLD）、尿亚硝酸盐（NIT）、尿白细胞（LEU）、尿比重（SG）、维生素 C、颜色或浊度。

### （三）尿液分析仪的临床应用

通过尿液检查可以对泌尿系统的生理功能、病理变化等进行检测，从而间接反映出全身多脏器以及系统的功能。尿液检查可以用于炎症、结石等疾病的诊断与疗效观察；协助糖尿病、重金属中毒、胰腺炎等疾病的诊断；用于妊娠、葡萄胎等产科及妇科疾病的诊断，同时对于安全用药监测也具有重要意义。

**1. 泌尿系统疾病的诊断与疗效观察**　当泌尿系统出现炎症、结石、肿瘤、血管病变及肾移植术后发生排异反应时，尿液成分会发生一定变化。尿液检验可以为泌尿系统疾病的诊断及鉴别提供依据，还可以在治疗过程中通过分析尿液中成分的变化，观察病情的发展趋势、治疗疗效以及预后判断。

**2. 协助诊断其他系统疾病**　尿液来源于血液，是人体新陈代谢的产物，所以人体任何系统能够影响血液成分改变的疾病，都有可能会引起尿液成分的改变。所以，尿液检验也有助于其他系统疾病的诊断。比如糖尿病患者尿液中尿糖会增高、急性胰腺炎患者尿液的尿淀粉酶会增高、肝胆疾病患者的尿胆红素会增高等。

**3. 安全用药监测**　庆大霉素、卡那霉素、多黏菌素 B、解热镇痛药（如非那西丁、阿司匹林）等药物对肾脏有一定毒性作用，所以在用药中要关注尿液用药前后尿液成分的改变情况，从而确保用药安全性。

**4. 中毒与职业病的防护**　铅、镉、铋、汞等重金属都可以引起肾损伤，因此对那些经常接触重金属的职业人群，以及生活在作业场地附近的居民，都应该进行定期体检，检验尿液中重金属排出量是否增多或者出现其他异常，因此，尿液分析对劳动保护与职业病的诊断和预防具有一定价值。

**5. 健康人群的普查**　尿液样本收集相对比较方便，因此，对泌尿系统、肝胆系统疾病和代谢性疾病进行筛查时经常通过尿液进行分析。通过筛查有助于更早发现亚健康人群，从而达到早诊断、早预防、早治疗的目的，提高人们的生活质量。

---

🔗 **知识链接**

### 尿液标本种类

按照检查目的不同，标本的种类主要分为晨尿、随机尿、餐后尿、3 小时尿、12 小时尿、24 小时尿及其他等。

**1. 晨尿**　为清晨起床后的第一次尿标本，是浓缩和酸化后的标本，适用于可疑或已知泌尿系统疾病的动态观察及早期妊娠试验等。

**2. 随机尿**　是留取任何时间的尿液，适用于门诊、急诊患者，检测结果容易受到饮食、运动、用药等因素的影响。

**3. 餐后尿**　通常是指餐后 2 小时收集的患者的尿液，此种标本对病理性糖尿、蛋白尿和尿胆原的检查更为敏感。

**4. 3 小时尿**　一般收集上午 6~9 时的尿液，可以用于测定尿液有形成分，比如白细胞的排出率等。

**5. 12 小时尿**　是指晚上 8 时到次日早晨 8 时的夜尿，一般用于尿沉渣计数。

**6. 24 小时尿**　第一天早晨 8 时排空膀胱，弃去此次尿液，再收集至次日早晨 8 点的全部尿液。

---

## 二、尿液分析仪的基本原理

尿液分析仪的基本工作原理包括尿液分析仪试剂带原理、尿液分析仪检测原理以及反应原理等。

### （一）尿液分析仪试剂带的原理

尿液分析仪试剂带（简称尿试带）是在固定位置黏附了化学成分检验试剂块的塑料条，又称试纸条。不同厂家的试纸条，其检测模块排列的顺序会有所差别。

**1. 尿试带的组成及作用** 尿试带由试剂块、空白块、位置参考块、塑料条组成。

（1）试剂块 含有检测试剂，用于与样本反应从而完成相关项目检测。

（2）空白块 是为了消除尿液本底颜色干扰所产生的测试误差。

（3）位置参考块 是为了消除每次测定时试剂块的位置不同而产生的测试误差。

（4）塑料条 为支持体。

**2. 尿试带的结构** 尿试带通常采用多层膜结构，一般分成4层或5层。尿试带的每一层都具有其特定的作用。第一层为尼龙膜层，在检测中主要是起到保护和过滤的作用，避免大分子物质对反应产生干扰，也可以保证试剂带的完整性。第二层为绒质层，具体又可以分为碘酸盐层和试剂层，由于碘酸盐具有氧化作用，因此，在检测中可以作为氧化剂破坏维生素C等还原性物质，试剂层锁定的特定试剂成分，主要与尿液所测定物质发生化学反应，同时产生颜色变化，为之后的光电比色检测奠定基础。第三层是吸水层，在蘸取样本时使尿液均匀快速地浸入试剂块，同时可以防止样本流到相邻反应区，避免交叉污染。最下面一层为塑料片，选取尿液不会浸湿的塑料片作为支持体。

### （二）尿液分析仪的检测原理

尿试带蘸取样本后，除空白块、位置参考块外，试剂块都会与尿液中相应成分发生化学反应从而发生颜色变化。试剂块的颜色深浅与光的吸收和反射程度有关，颜色越深，吸收光量值越大，反射光量值越小，则反射率越小；反之，颜色越浅，吸收光量值越小，反射光量值越大，则反射率越大。而试剂块颜色的深浅又与尿液中各种成分的浓度成比例关系，因此，通过测量光的反射率便可以求得尿液中的各种成分的浓度，如图5-1所示。

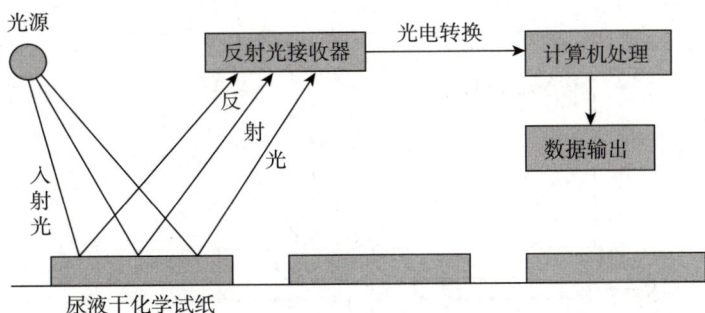

**图5-1 尿液分析仪检测原理示意图**

尿液分析仪由微电脑控制，采用球面积分析仪接收的双波长反射光进行半定量测定。仪器使用双波长测定法分析试剂块的颜色变化，可以从一定程度上抵消尿液本底颜色引起的误差，从而提高检测的精度。双波长检测方法中一个波长为测定波长，一个波长为参考波长。测定波长是被测试剂块的敏感特征波长，每种试剂块都有其相应的测定波长，比如亚硝酸盐、胆红素、尿胆原、酮体一般选用550nm，酸碱度、葡萄糖、蛋白质、维生素C、隐血一般选用620nm。参考波长是被测试剂块的不敏感波长，主要用于消除背景光和其他杂散光的影响，各试剂块的参考波长一般选用720nm。

尿试带通过仪器检测窗口时，光源发出的光照射到试剂块上，试剂块颜色的深浅对光的吸收及反射是不一样的，通过检测反射率，即可计算化学成分的含量。反射率可通过式（5-1）求出：

$$R(\%) = \frac{T_m \, C_s}{T_s \, C_m} \times 100\%$$ (5-1)

式中，$R$ 为反射率；$T_m$，为试剂块对测定波长的反射强度；$T_s$ 为试剂块对参考波长的反射强度；$C_m$ 为空白块对测定波长的反射强度；$C_s$ 为空白块对参考波长的反射强度。

### （三）检测项目与干化学原理

表 5-1　尿液分析仪测试项目及原理

| 项目 | 英文缩写 | 反应原理 |
|---|---|---|
| pH | pH | pH 指示剂 |
| 比重 | SG | 多聚电解质离子解离法 |
| 蛋白质 | PRO | pH 指示剂的蛋白质误差法 |
| 葡萄糖 | GLU | 葡萄糖氧化酶法 |
| 胆红素 | BIL | 偶氮反应法 |
| 尿胆原 | URO | 醛反应、重氮反应法 |
| 酮体 | KET | 亚硝酸铁氰化钠法 |
| 亚硝酸盐 | NIT | 亚硝酸盐还原法 |
| 隐血或红细胞 | BLD | 血红蛋白类过氧化酶法 |
| 白细胞 | LEU | 酯酶法 |
| 维生素 C | VitC | 吲哚酚法 |

## 三、尿液分析仪的基本结构

尿液化学分析仪一般由尿干化学试带、机械系统、光学系统、电路系统、输入输出系统等部分组成，如图 5-2 所示。

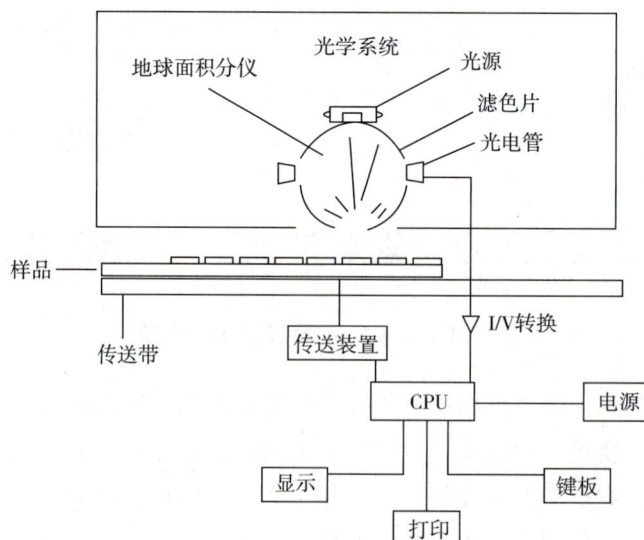

图 5-2　尿液分析仪结构示意图

### （一）尿干化学试带

尿试带由塑料条、试剂模块、空白块、位置参考块组成。

尿试带上有数个含有各种试剂的试剂垫，各试剂垫与尿中的相应成分进行独立反应后可呈现不同颜色，颜色的深浅与尿液中待测成分成比例关系。不同型号的尿液干化学分析仪使用配套的专用试带，且试剂膜块的排列顺序也不尽相同。尿试带一般为多层膜结构。

### （二）机械系统

机械系统的主要功能是将待检的试剂带传送到测试区，测试完成后将试剂带送到废物盒。机械系统主要包括传送装置、采样装置、加样装置和测量装置等。

全自动干化学尿液分析仪主要有浸式加样和点式加样两类不同的机械系统。浸式加样系统由试剂带传送装置、采样装置和测量装置组成，取样通过机械手将试剂带完全浸入尿液中，因此需要足够的尿液。点式加样由自动进样传送装置、样本混匀器、定量吸样装置、试剂带传送装置和测量装置组成，加样装置吸取尿液样本的同时，试剂带传送装置将试剂带送入测量系统，定量吸样装置将尿液定量加到试剂带上，然后进行检测。此类分析仪需要的样本量较小。

### （三）光学检测系统

光学检测系统是尿液分析仪的核心部件，决定了仪器的性能与档次。光学检测系统包括光源、单色器和光电转换器三部分。光线照射到试剂块反应区表面产生反射光，反射光的强度与各个项目的反应颜色成反比；不同强度的反射光再经过光电转换器转换为电信号进行处理。干化学尿液分析仪的光学检测系统通常有三种：滤光片分光系统、发光二极管系统和电荷耦合器件检测系统。

**1. 滤光片分光系统**　是第一代分光系统。卤钨灯发出的混合光通过球面积分仪照射到试剂带上，试剂带把光反射到球面积分仪上，之后透过滤光片，得到特定波长的单色光，再照射到光电二极管上，实现光电转换。

**2. 发光二极管系统**　是第二代分光系统。光源采用可发射特定波长的发光二极管。检测头上有三个不同波长的发光二极管：红、绿、蓝单色光，对应波长为 610nm、540nm 和 460nm，红、黄、绿单色光，对应波长为 660nm、620nm 和 555nm。它们与检测面成 45°或 60°角照射到试剂块上，垂直安装在试剂块上方的光电转换器，在检测光照射的同时接收反射光。由于光路较近、基本上无信号衰减，所以即使光强度较小的发光二极管也能得到较强的反射光信号。

**3. 电荷耦合器件系统**　是第三代分光系统。采用 CCD 技术进行光电转换。通常采用高压氙灯作为光源，当光照射到 CCD 硅片上时，反射光被分解为红、绿、蓝三原色，又将三原色中的每一种颜色分为 2592 种色素，这样整个反射光分为 7776 种色素，可精确分辨试剂块颜色由浅到深的微小变化。CCD 器件的光谱响应范围从可见光到近红外光，具有良好的光电转换特性，光电转换效率高达 99.7%。

### （四）电路系统

电路系统可将光电检测器的信号进行放大和运算处理。光电检测器接收试剂块的反射光并转换成电信号，经前置放大器将微弱的电信号放大后，由电压/频率变换器进行模数转化，送往 CPU 单元进行信号运算、处理，最后将结果输出到屏幕；或由仪器的内置热敏打印机将测试结果打印出来。其中 CPU 不但负责检测数据的处理，而且对机械、光学系统的运作起到了很重要的控制作用，也通过软件实现了许多功能。

## 四、尿液分析仪的技术要求

2011 年 12 月 31 日，国家食品药品监督管理局发布了干化学尿液分析仪的行业标准 YY/T 0475—2011，代替 YY/T 0475—2004，于 2013 年 6 月 1 日开始正式实施。此标准适用于基于干化学原理对尿液分析仪试纸条进行分析的尿液分析仪。标准中规定了干化学尿液分析仪的术语和定义、要求、试验方法、标志、标签、使用说明和包装、运输、贮存等内容。

**1. 重复性**　尿液分析仪的反射率测试结果的变异系数（$CV,\%$）≤1.0。

**2. 与适配尿液分析试纸条的准确度**　检测结果与相应参考溶液标示值相差同向不超过一个量级，不得出现反向相差。阳性参考溶液不得出现阴性结果，阴性参考溶液不得出现阳性结果。

**3. 稳定性**　分析仪开机8小时内，反射率测试结果的变异系数（$CV,\%$）≤1.0。

**4. 携带污染**　检测除比重和pH外各测试项目最高浓度结果的阳性标本，随后检测阴性标本，阴性标本不得出现阳性。

## 五、尿液分析仪的保养与维护

### （一）尿液分析仪的维护

在常规工作中，必须严格按一定的操作规程进行操作，否则会因使用不当而影响实验结果。

（1）操作尿液分析仪之前，需要仔细阅读分析仪说明书以及尿试纸条说明书。每台尿液分析仪应建立标准操作程序，并严格按照规程进行操作。

（2）对尿液分析仪要有专人负责，建立专用的仪器登记本，对每天仪器操作的情况、出现的问题以及维护、维修情况进行登记。

（3）每天测定开机前，要对仪器进行全面检查（各种装置及废液装置、打印纸情况以及仪器是否需要校正等），确认无误才能开机。测定完毕，要对仪器进行全面清理和保养。

（4）开瓶但未使用的尿试纸条，应立即收入瓶内盖好瓶盖。

（5）注意检查尿试纸条保质期。

### （二）尿液分析仪的保养

**1. 每天保养**　每天用完应清除干净，并用水清洗干净。

**2. 每周或每月保养**　需要根据仪器具体使用情况确定。

# 第二节　尿沉渣分析仪

## 一、尿沉渣分析仪概述

尿液有形成分检查是尿常规分析中的重要组成部分，可以实现对尿液中有形成分的识别与分析，通过分析可以获得具有临床诊断价值的有形成分参数，另外，应用流式细胞分析技术的仪器还能够提供标记参数、直方图、散点图及有关的研究信息。尿液有形成分主要检验项目包括红细胞、白细胞、上皮细胞、管型、小圆上皮细胞、结晶、精子、类酵母细胞、黏液丝等。

### （一）尿沉渣分析仪发展史

对于尿沉渣中有形成分的检查与识别，过去一般采用普通光学显微镜、偏光显微镜、位相显微镜、荧光显微镜等仪器进行检查。尿沉渣中有形成分的检查费时、费力，并且检测结果误差比较大。由于尿沉渣中有形成分比血液要复杂得多且形态差别大，难以用一种模式制订标准，故对尿液有形成分进行自动检查的仪器研制进展十分缓慢。

1995年，借鉴血细胞分析仪的研发成果，日本科学家将流式细胞术和电阻抗技术结合应用于尿沉渣分析仪，在原来流式细胞式尿沉渣自动分析仪的基础上，研制生产出新一代 UF - 100 型全自动尿沉渣分析仪。通过技术提升，该仪器可以实现快速检测，操作更加方便，并且可以完成尿沉渣有形成分的定量分析和红细胞、白细胞散射光分布直方图分析，更加方便临床工作人员对疾病进行诊断或者开展相关科研工作。与此同时，以影像系统配合计算机技术的尿沉渣自动分析仪也相继出现。

迄今为止尿沉渣自动分析仪大致分为两类：一类是采用以流式细胞术分析为基础，通过多种联合检测技术进行检查的流式细胞式尿沉渣自动分析仪；另一类是通过尿沉渣直接镜检再进行影像分析，得出相应的技术资料与实验结果的影像式尿沉渣自动分析仪。

### （二）尿沉渣分析仪的分类

目前国内外研发和应用的设备，按仪器检测原理和检测流程分类，可以分为三种类型。

**1. 流式尿液有形成分分析仪**　这种设备的早期产品有 UF - 100 和 UF - 50，目前应用同样原理的设备已经升级，它们均采用流式细胞分析技术、电阻抗法和荧光染色技术分析尿液中的有形成分。

**2. 流动拍摄式尿液有形成分影像分析系统**　在进行检测时，尿液标本是通过离心或自然沉淀的方法，将尿液有形成分静止在一个专用的计数池内，在样本不断地流过时进行数字影像的拍摄，再通过神经网络系统和特殊的软件对样本图像进行分割以及鉴别计数。目前国内也有一些厂家采用相同或近似的原理开发生产了全自动尿液有形成分分析仪，并配备模块化流水线分析系统。

**3. 静止拍摄式尿液有形成分影像分析系统**　与流动型尿液有形成分影像分析系统不同的是，通过数字相机拍摄数字照片，对有形成分目标进行数字化分析，并获取分析结果。采用这种原理的仪器种类、品牌众多，有些有形成分分析系统可以与尿干化学分析仪链接，形成流水线尿液分析系统。

近年来，许多尿液有形成分分析系统都可以和尿液干化学分析仪进行联机配合，形成完整的尿液分析的流水线系统。

### （三）尿沉渣分析仪的临床应用

尿液有形成分检查是尿常规分析中的重要组成部分，一般应配合尿液理学检查和化学检查结果进行综合分析判断，对于临床诊断更有价值。该项目多用于对泌尿系统疾病、肾脏疾病的初筛和辅助诊断，还有助于对血液系统、循环系统、内分泌系统、代谢系统及肝胆功能和疾病的情况进行全面了解。可为这些疾病的临床诊断、治疗及预后判断提供重要信息。

以往的尿液有形成分多采用显微镜检查法，而且是作为"金标准"而使用。自动化尿液有形成分仪器的使用，其重要意义在于在大量样本检测时可明显提高检测速度、节省人力、提高检测流程的标准化、增加质量控制流程、对检测项目提供定量报告或形态学图文报告等。但是，此类设备目前为止依然是一种过筛性检验方法，应结合所用仪器性能、科室质量要求、服务对象要求和医生的要求，配合尿液化学分析结果并以标准的显微镜检查法为标准，制定适宜的筛检规则，防止出现漏检和因仪器固有的缺陷而导致的检验错误。对疑难病例及形态学内容，必须以镜检结果为最终报告结果。

## 二、尿沉渣分析仪的基本原理

目前，尿液有形成分分析仪主要采用影像分析原理和流式细胞分析原理。根据图像的获得方式，尿液有形成分影像分析可以分为流动型和静止型两种。测定原理如图 5 - 3 所示。

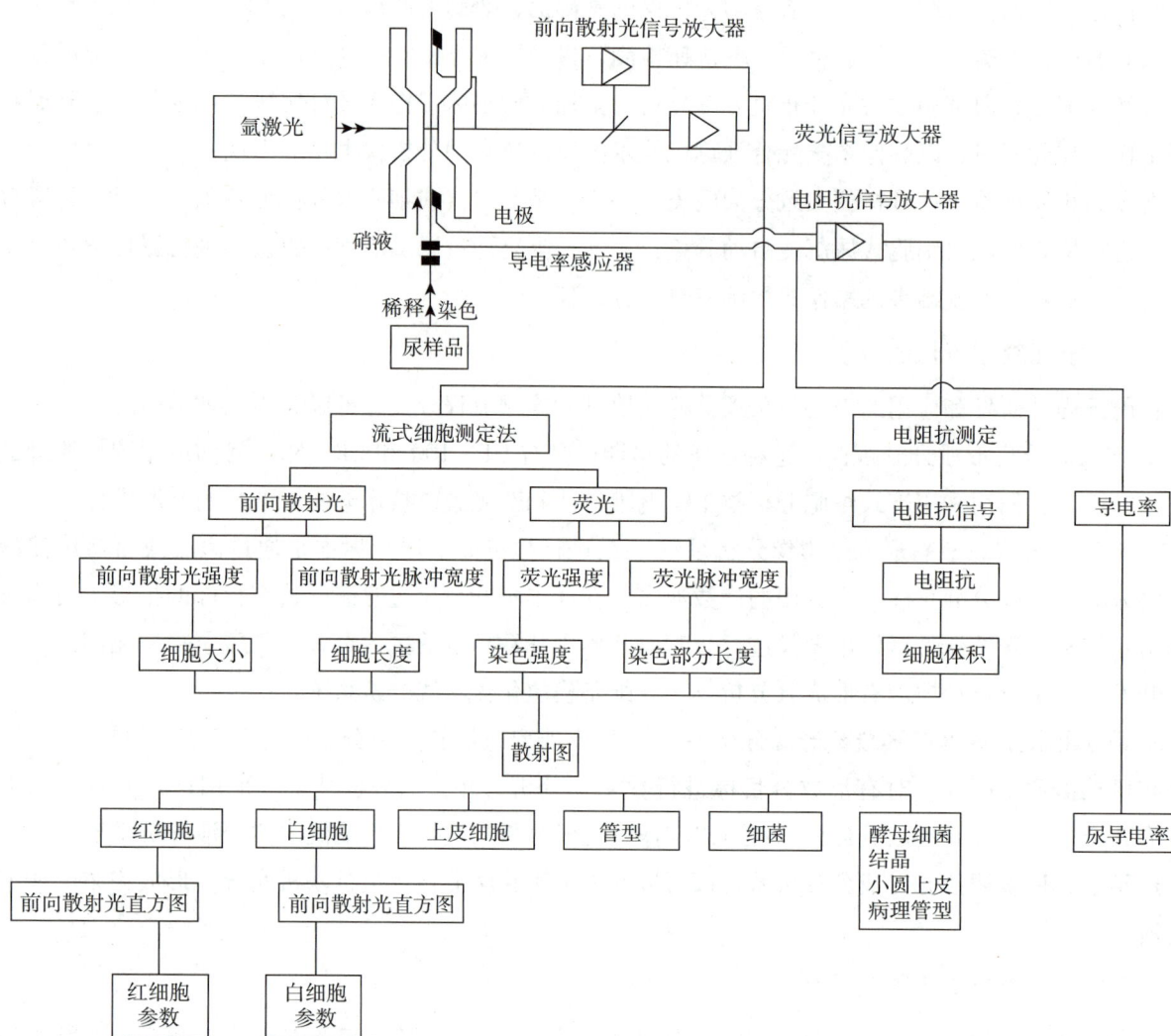

图 5-3　尿沉渣分析仪测定原理图

## （一）流式尿液有形成分分析仪

该系统需要使用荧光染料对尿有形成分中的细胞进行染色处理。菲啶（phenanthridine）染料可对细胞的核酸成分（DNA）进行染色，并在 480nm 波长激光激发下可产生 610nm 的橙黄色光波，发出的荧光强度和细胞 DNA 含量成正比，可用于区别有核细胞和无核细胞、有内含物管型与无内含物管型，例如白细胞、红细胞病理管型与透明管型。但菲啶染料对细胞膜的渗透性差，因此在细胞膜完整的情况下染色性效果差，为对此进行补偿，同时使用了花（carbocyanine）染料，其特性为穿透力较强，可与细胞质膜（细胞膜、核膜和线粒体）的脂层成分结合，在 460nm 的光波激发时，可产生 505nm 的绿色光波，主要用于区别细胞的大小（如上皮细胞与白细胞）。

仪器内部有一个氩激光发生器，它可发射出 488nm 波长的激光，与菲啶染料和花染料所需的最佳激发波长非常接近。当尿液标本被稀释液稀释并经荧光染料染色后，靠液压作用通过样品喷嘴口进入流动池，它在进入的同时被无粒子的鞘液包围形成鞘流。鞘流可使尿液中有形成分以单个纵列的形式通过流动池中心轴线。

## （二）流动型影像分析系统

影像分析与传统显微镜镜检的原理基本相似，即在光学显微镜下观察（拍照）尿液有形成分的形态，并进行分类计数。二者区别为影像分析通过动力装置，将离心后留取的尿沉渣经标本喷嘴送至鞘流管，在鞘流液的作用下，尿液有形成分形成单层平铺流动状态，通过高速频闪光灯、聚光透镜、显微透镜、CCD 摄像机等，在电脑显示屏上得到清晰的尿液有形成分图像。借助于计算机图像识别技术，可以对尿液有形成分进行特征抽取、分类和判别。

**1. 平板鞘流技术**　流动型尿液有形成分影像分析使用平面流式成像技术，通过鞘流液包裹尿液样本，形成单层颗粒的平板薄层，在流动的过程中对样本进行拍摄。鞘液的作用是使样本中的有形成分在流动中不发生形态改变，并分离样本中的有形成分，且使有形成分不发生重叠。通过鞘流的拉伸作用，使有形成分的正面朝向成像系统，以确保拍摄的图像清晰、准确。

**2. 显微成像技术**　显微成像系统由 CCD 摄像机、变倍显微透镜、平场消色差物镜、聚光透镜、高速频闪光灯和平板鞘流单元等组成。

显微成像系统使用连续变倍显微透镜，可以不需切换镜头进行低倍和高倍的观察。内置的 CCD 摄像机位于显微透镜后面，配合高速频闪光灯，能将流经物镜头视野的单个细胞或颗粒的影像放大并高速连续拍摄。对拍摄的图片还需要进行滤波、二值化、识别、分类、分析、统计，并进行显示和存储，处理后的图片可随时查阅。

**3. 图片数据处理**　图片数据的分类处理需要经过四个步骤，即获得目标区域、特征抽取、分类器分类和决策器判断。其中，获得目标区域是识别流程中至关重要的环节。能否准确、快速地从一张图片中找到待识别的物体，是进行所有步骤的前提条件。一旦目标区域有所偏离，那么在特征抽取后得到的数据就与实际不符合。

### （三）静止型影像分析系统

静止型影像分析不使用鞘流装置，尿液样本也不流动，它的样本提取与人工显微镜镜检相似，是将尿液样本滴入专用的计数板。在计数板上经过一定时间静止沉淀后，再进行数码影像拍摄。专用的计数板分为固定流动式板和一次性计数板，尿液样本可以经离心沉淀或自然沉降，使尿液中的有形成分沉淀为静止不动，然后在计数板不同的部位拍摄一定数量的数字影像图片，送到计算机进行图像处理。

### （四）尿沉渣分析工作站

尿沉渣分析工作站检测时，首先将尿液样本送到尿液分析仪，对尿液样本进行干化学分析，分析的结果传送并存储到计算机中；再对离心后的尿沉渣进行显微镜检查，显微镜摄取的图像传送到计算机中，在显示屏上显现出来。只要识别出尿沉渣成分，输入相应的数目，仪器自动换算出标准单位下的结果，结合前面的干化学分析数据，打印输出分析报告。

## 三、尿沉渣分析仪的基本结构

### （一）流式尿液有形成分分析仪

**1. 光学系统**　由氩激光（波长 488nm）光源、激光反射系统、流动池、前向光采集器和检测器组成。

氩激光作为光源被双色反射镜反射，然后被聚光器收集形成射束点，射束点聚集于流动池的中央。染色后的细胞经过流动池，被激光光束照射，产生前向散射光和前向荧光的光信号。散射光信号被光电二极管转变成电信号后输送给微处理器，荧光通过滤光片得到一定波长的荧光，经光电倍增管放大并转换成电信号，然后输送到微处理器。光的反射和散射主要表征细胞表面相关信息。从染色尿液细胞发出的荧光信号主要反映细胞的特性，比如细胞膜、核膜、线粒体和核酸，前向散射光强度与细胞的大小成一定的比例关系，电阻抗信号的大小主要与细胞的体积成正比。

**2. 液压系统**　在反应池中，染色后的标本随着真空系统进入鞘液流动池。为了使尿液中细胞等有形成分不发生凝结现象，而是呈单个纵向排列通过采用加压的鞘液将尿液中的细胞输送到流动池，使染色的样品通过流动池的中央。鞘液是一股涡流液，由鞘液管从四周流向喷孔，包围在尿液样品外周，这两种液体不相混合，从而保证了尿液细胞永远在鞘液中心流动。鞘液流动机制提高了细胞计数的准确性和重复性，防止错误脉冲的出现，减少流动池被尿液标本污染的可能。

**3. 电阻抗检测系统**　包括测定细胞体积的电阻抗系统和测定尿液电导率的传导系统。当尿液细胞通过流动池小孔时，尿液中细胞的电阻抗值比稀释溶液的大得多，在流动池前后的两个电极之间的阻抗便会增加，而两个电极间始终维持恒定的电流，从而引起电压发生变化，出现一个脉冲信号。脉冲信号的大小主要反映细胞体积的大小，脉冲信号的频率反映细胞数量的多少。部分尿液标本在低温时会析出结晶，影响电阻抗测定的敏感性，使分析结果不准确。为了使尿液标本传导性稳定，通常采取下列措施。

（1）使用与仪器配套的稀释液，可去除尿样中非晶型磷酸盐结晶。

（2）染色过程中，仪器将尿液与稀释液的混合液加热到35℃，尿样标本中的尿酸盐结晶就会溶解，即可消除尿中结晶产生的干扰。

尿液电导率的测定采用电极法。尿样进入流动池之前，在样品两侧各个电导率感应器接收尿液样本中电导率信号，并将其放大后送到微处理器，稀释样本的传导性测定在它被吸入流动池之前进行。这种传导性与临床使用的尿渗量密切相关。

**4. 电子分析系统**　从标本细胞中获得的前向散射光较强，光电二极管直接将光信号转变成电信号。微弱的前向荧光经光电倍增管放大之后转变成电信号，电阻抗信号和传导性信号被感受器接收后直接进行放大处理。微处理器分析汇总所有信号，得出每种细胞的直方图和散射图，并计算得出单位体积尿样中各种细胞的数量和形态。

## （二）流动型影像分析系统

**1. 流动式显微数字成像模块**　采用层流平板式鞘流技术，使被检样品进入平板式鞘流池内，并在持续的流动过程中，应用全自动智能显微镜的数字摄像镜头（CCD）高速拍摄有形成分照片。

**2. 计算机分析处理模块**　用于对拍摄的数字图像进行分割，通过神经网络系统对数字图像进行分析、处理、归纳，再通过计算机对图像和数据进行显示、存储和管理。它是由电脑主机、软硬件系统、显示器、键盘和鼠标构成。近年来，这种数字图像分析原理的尿液形态学检验设备还增加了人工智能分析原理，依据AI具有深入学习、自主学习、不断训练与不断改进的能力，对尿中有形成分进行鉴别，根据AI在图像分析中的优势，对逐步提升尿液有形成分分析和识别的能力将有很大帮助。

**3. 自动进样模块**　配备有自动进样装置，每个试管架上可以安放10个标本，一次最大可容纳60个标本连续运行。仪器还具有条码识别功能，可自动对标本进行识别和编号。尿液有形成分分析仪一般也都可以和自己厂家配套的干化学分析系统，或者选定的干化学分析系统进行链接，形成流水线分析系统。

## （三）静止型影像分析系统

工作系统主要由显微镜系统（内置数码照相机）、加样器、冲洗系统、图像显示处理系统等构成。

**1. 显微镜系统**　由传统光学显微镜与数码摄像头连接组成。系统可选配相位差显微镜，用以提高对异常有形成分的辨别分析能力。其中另一个重要部件是固定在显微镜台上的流动计数池，由经过高温、高压处理的光洁、清晰的单块光学玻璃和合金铝质底座构成，其尺寸与标准显微镜载玻片相同。

**2. 加样器和冲洗系统**　可完成试管中标本的混匀、吸出并输送到显微镜上的计数池中，同时具有选择使用染色液、冲洗管道和计数池；排除计数后的样本送到废液容器和选择对标本进行稀释等功能。

**3. 图像显示处理系统**　采集显微镜系统拍摄的多个照片传送至计算机中进行存储和处理。

### （四）尿沉渣分析工作站

**1. 标本处理系统**　内置定量染色装置，按计算机指令自动提取样本，完成定量、染色、混匀、冲池、稀释、清洗等主要工作任务。

**2. 双通道光学计数池**　由高性能光学玻璃经特殊工艺制造，类似于血细胞计数板。池内腔高度为0.1mm，池底部刻有4个标准计数格，便于对有形成分计数。

**3. 显微摄像系统**　采用标准配置，即在光学显微镜上配备专业摄像装置，将采集到的尿沉渣形态图像的光学信号转换为电信号输送到计算机，复原图像并进行处理。有的仪器采用流动式显微镜系统，结合层流平板式流式细胞术，对单层细胞颗粒进行成像。

**4. 计算机及打印输出系统**　系统软件对主机及显微摄像系统进行综合控制，并编辑、输出检测报告等信息。

**5. 尿液干化学分析仪**　尿沉渣分析工作站的计算机主机内置有与尿液干化学分析仪连接的接口卡，接收处理相关信息。

## 四、尿沉渣分析仪的技术要求

2015年3月2日，国家食品药品监督管理总局发布了尿液有形成分分析仪（数字成像自动识别）的行业标准YY/T 0996—2015，于2016年1月1日开始正式实施。此标准适用于基于自动数字成像并自动识别原理的尿液有形成分分析仪。此标准中详细规定了尿液有形成分分析仪的术语和定义、要求、试验方法、标志、标签和说明书、包装、运输和贮存。尿液有形成分分析仪技术要求如下。

**1. 检出限**　分析仪应能够检出浓度水平为5个/μl的红细胞、白细胞样本。

**2. 重复性**　分析仪计数结果的变异系数（CV）应符合表5-2的要求。

表5-2　变异系数

| 有形成分名称 | 浓度（个/μl） | 变异系数（CV）% |
| --- | --- | --- |
| 细胞 | 50 | ≤25 |
|  | 200 | ≤15 |

**3. 识别率**　分析仪检测结果假阴性率不应该大于3%。分析仪至少能够自动识别的项目及其单项结果与镜检结果的符合率应符合表5-3的要求。

表5-3　单项结果与镜检结果的符合率

| 有形成分名称 | 符合率（%） |
| --- | --- |
| 红细胞 | ≥70 |
| 白细胞 | ≥80 |
| 管型 | ≥50 |

**4. 稳定性**　分析仪开机8小时内，细胞计数结果的变异系数（CV）应不大于15%。

**5. 携带污染率**　分析仪对细胞的携带污染率应不大于0.05%。

## 五、尿沉渣分析仪的保养与维护

各型号仪器都应按照设计要求进行日常维护和保养，使用者应遵循厂商推荐的方法建立自己的维护保养程序，并严格执行。

仪器应该使用专用清洗剂对仪器进行清洗，一般是在每日操作完毕后，关机前执行程序并使用专用清洗剂进行清洗。清洗剂吸入后可完成对取样针、管路等重要系统的自动清洗。如果在仪器运行过程中，出现进样或管路故障时，也可执行清洗程序。

有些系统无须任何特殊清洗液。仪器设计清洗是在运行时用蒸馏水自动清洗取样针。每天工作结束后需执行仪器自带清洗程序，可用2%的次氯酸钠清洗取样针和废液管路。仪器的清洗和维护非常简便，有简单的月保养程序和工程师执行的定期系统保养内容。影像型仪器的保养和维护也非常重要，同样需要使用厂家提供的清洗液对取样针、管路和光学计数板进行清洗。仪器每日使用完毕后必须进行清洗，运行过程中出现管路或计数板污染或故障也需通过清洗程序排除，因为标本中的蛋白质和有形成分易黏附于系统的管路和计数板上，会对检测结果造成干扰。光学计数板应保持通畅和清洁、无颗粒物、透光性能良好、无灰尘侵入，保证所拍摄的图片背景清晰、无杂物干扰。应用显微镜镜头观察和拍摄图像的系统，其显微镜镜头的清洁也很重要，同时显微镜的机械和电子调节系统应保持运动调节自如，保持显微镜光源系统的清洁和干净。

各种原理的自动化仪器设备，其维护和保养程序非常重要，是保障设备正常工作的前提。因此一定要按照相关的要求与步骤进行维护与保养，并将其列入实验室设备管理的SOP中。

## 目标检测

答案解析

### 一、单选题

1. 目前，尿液分析仪常用的试剂带是（ ）。
   A. 原尿样本    B. 原尿稀释样本    C. 单联试剂带    D. 多联试剂带
2. 尿液分析仪试剂带空白块的作用是（ ）。
   A. 消除不同尿液标本颜色的差异    B. 消除试剂颜色的差异
   C. 消除不同光吸收差异    D. 增强对尿标本的吸收
3. 流式细胞术尿沉渣分析仪的工作原理是（ ）。
   A. 应用流式细胞术和电阻抗    B. 应用流式细胞术和原子发射
   C. 应用流式细胞术和气相色谱    D. 应用流式细胞术和液相色谱

### 二、多选题

1. 有关尿液分析仪的维护与保养，下列说法中正确的是（ ）。
   A. 使用前应仔细阅读说明书
   B. 仪器由专人负责
   C. 每天测试前应对仪器全面检查
   D. 开瓶并使用的尿液试剂带，应立即收入瓶内盖好瓶盖
   E. 仪器可在阳光长时间照射下工作

2. 流式细胞尿沉渣分析仪的定量参数包括（    ）。

    A. 红细胞              B. 白细胞              C. 上皮细胞              D. 细菌

### 三、简答题

请简述尿液分析仪多联试剂带的基本结构及作用。

---

书网融合……

本章小结

# 第六章　临床微生物检测仪器

**学习目标**

1. **掌握**　血培养检测及微生物鉴定和药敏分析系统的基本原理。
2. **熟悉**　血培养检测及微生物鉴定和药敏分析系统的基本结构及技术要求。
3. **了解**　血培养检测及微生物鉴定和药敏分析系统的临床应用及保养维护。
4. 学会临床微生物检测仪器保养与维护的基本技能。

## 岗位情景模拟

**情景描述**　血培养是一种用于检验血液样本中有无致病细菌存在的微生物检查方法。假设现在某患者出现发热高于38℃或者体温低于36℃；WBC≥10.0×10⁹个/L；WBC≤1.0×10⁹个/L等情况。

**讨论**　1. 血培养的送检指征有哪些？
2. 血培养有哪些重要意义？
3. 血培养检测结果准确性的影响因素有哪些？

　　临床微生物学检验分析主要包括自动微生物培养、微生物鉴定和抗菌药物敏感试验等。血培养检查是用于检验血液样品中有无病原微生物存在的一种微生物学检查方法，对于某些血液和循环系统感染的诊断具有十分重要的作用。自动化血培养检查系统的理论基础是检测细菌和真菌生长时所释放的二氧化碳，以此作为血液中有无微生物存在的指标。目前血培养检测的方法有核素标记、颜色变化和均质荧光技术等。微生物鉴定系统主要采用数码分类鉴定技术，可将细菌鉴定到属、群、种和亚种或生物型，并可对不同来源的临床样品进行针对性的鉴定，由试剂条（板）添加试剂及检索工具配套组成完整的微生物数码分类鉴定系统。抗菌药物敏感试验也是临床微生物学实验室的重要内容之一，目前用于临床测试的方法主要有抗生素纸片扩散系统、琼脂稀释试验系统和微量肉汤稀释试验系统等，其中第三类方法应用最为广泛，且实现了自动化分析。

## 第一节　血培养检测系统

### 一、血培养检测技术概述

　　临床微生物学检验在临床医学中起着重要作用，在疾病预防治疗中发挥重要作用。微生物学实验室的主要任务是探讨微生物与感染的关系，确定微生物的病原性，监测新发和突发传染病的出现，为感染性疾病的诊断和治疗提供依据。微生物实验室的培养与鉴定系统主要包括自动血培养系统、微生物鉴定和药敏分析系统。血培养检查是用于检验血液样本中有无细菌存在的一种微生物学检查方法，对于快速检测患者血液中是否有细菌生长，对于疾病诊断有十分重要的作用，是临床有效治疗的关键。特别是在感染初期或抗生素治疗后，大部分患者血液循环中的细菌数量很少，因此，通常将血液中细菌进行增菌以便于检测。同时，与菌血症或败血症有关的细菌种类多、范围广，其毒力、致病性和耐药性各异。所以，提高血培养阳性率，准确、快速地培养出血液中细菌对感染性疾病的诊断和治疗具有极为重要的意义。

### （一）血培养检测发展史

从 20 世纪 70 年代至今，血培养技术的发展经历了观察指标从肉眼观察到放射性标记、再到非放射性标记，操作从手工操作到半自动、再到自动，结果判断从终点判读到连续判读、再到出现阳性结果随时报告几个阶段。到目前为止，血培养仪的发展已经历三代：第一代采用放射性 $^{14}$C 标记血培养肉汤中碳源，若有微生物生长便可分解碳源产生 $^{14}CO_2$，用 $\gamma$ 计数仪对 $^{14}CO_2$ 的含量进行检测，表示为生长指数（GI）；第二代培养基中不含放射性物质，采用检测 $CO_2$，非放射性的红外光谱仪，检测速度更快，操作更灵活；第三代采用光电原理监测的血培养系统，其工作原理是微生物在代谢过程中必然会产生代谢产物 $CO_2$，从而引起培养基 pH 及氧化还原电位改变，利用光电比色检测血培养瓶中某些代谢产物量的改变，可判断有无微生物生长。

### （二）血培养检测系统的分类

自动血培养仪的工作原理主要是通过自动监测培养基中的混浊度、pH、代谢终产物 $CO_2$ 的浓度、荧光标记底物等变化，定性地检测微生物的存在。根据自动血培养仪所采用的检测基础和原理的不同，可将自动血培养仪分为三类。

**1. 以培养基导电性和电压为基础进行检测**　血培养基中由于含有不同的电解质而具有一定导电性。微生物在生长代谢的过程中可产生质子、电子和各种带电荷的原子，通过电极检测培养基的导电性或电压的变化可判断有无微生物生长。

**2. 以测定压力的原理进行检测**　有些细菌在生长过程中，常有消耗气体或产生气体现象，如很多需氧菌在胰酶消化大豆肉汤中生长时，由于消耗培养瓶中的氧气，而表现为吸收气体，使瓶中的压力下降。而厌氧菌生长时最初均无吸收气体现象，仅表现为产生气体（主要为 $CO_2$），使瓶中压力增加，因此可通过培养瓶内压力的改变检测微生物的生长情况。

**3. 以光电原理进行检测**　目前国内外应用最广泛的自动血培养仪大多采用光电原理进行检测。由于微生物在代谢过程中会产生终代谢产物 $CO_2$，其释放的 $CO_2$ 可以渗透到培养瓶底部的感应器中，经水饱和后，释放 $H^+$，从而引起培养基 pH 改变。感应器中预置的 pH 指示剂颜色也随之改变，培养液的颜色由原来的墨绿色变成金黄色（阳性）。或者是微生物在生长过程中的代谢产物之一 $CO_2$ 激活瓶内底部的荧光感应物质而发出荧光，荧光信号变化与 $CO_2$ 浓度变化成比例，仪器内置的探测器探测到该荧光强度的改变（根据反应后荧光释放或猝灭的结果分为荧光增强法和荧光减弱法），信号传输到数据处理系统，经计算机进行一系列的处理，并根据荧光强度的变化量，分析微生物生长的情况，判断阳性结果。探测过程由一个置于检测组件内部的光反射检测计进行连续监测。

根据检测手段的不同，这类自动血培养系统又可分成四种类型。

（1）BioArgos 系统　利用红外分光计检测 $CO_2$ 产生，它包括标本装载、检测、孵育和计算机四个部分。操作时，将已接种的血培养瓶放入标本装载区，然后由机械臂自动将培养瓶移入检测区。由红外分光光度计对培养瓶进行初次扫描，获得初始读数。血培养瓶被振荡 12 秒后再移入孵育区进行培养，红外分光计连续监测培养瓶内 $CO_2$ 的产生情况，通过 $CO_2$ 水平的变化来判断有无微生物生长。

（2）BacT/Alert 系统　利用比色法原理。当把瓶放入检测单元的孔位后，发光二极管（LED）发射一束红光至瓶底的感应器，孔内的光电管每 10 分钟采集一次反射光并将信号转换和放大，再传送至电脑系统进行判断。电脑软件产生一条基于 $CO_2$ 和其他溶解培养基内的代谢产物曲线，通过复杂的数学运算（加速度、速率法、起始阈值法），对标本及时、快速报警，BacT/Alert 微生物检测系统会比较 $CO_2$ 和其他代谢产物的初始水平，以及由微生物生长引起的 $CO_2$ 和其他代谢产物的生成速率。

培养瓶就在仪器内孵育，而且瓶子在不停地上下振荡，能促使微生物快速生长。可动态观察微生物的生长情况，当培养瓶内有 $CO_2$ 产生时，瓶内的感应器的颜色会由浅灰色变为浅黄色，即使是微小的颜色变化也可被检测到，同时计算机荧屏上会显示对应号码的标本瓶为阳性，还可给出声音报警。仪器本身可扩展和兼容同一仪器监测结核和一般细菌。

（3）BACTEC9000 系统　采用荧光增强法，连续检测培养瓶中 $CO_2$ 的浓度变化。微生物在代谢过程中利用培养基内的养分，释放出 $CO_2$，改变感应器中的 pH，从而激活荧光物质发出荧光，荧光信号的强弱与 $CO_2$ 的浓度成正比。仪器每隔 10 分钟将检测到的荧光信号经处理转变为各种参数，并绘制生物的生长曲线，判断培养瓶内是否有微生物生长。仪器 24 小时连续工作，直至培养结束。

这个技术的特点是敏感性强，报告时间快，12~24 小时就能培养出 90% 的阳性结果。如 5~7 天未出现阳性提示，则为阴性瓶。

（4）Vital 系统　采用均质荧光技术检测荧光衰减。在液体血培养瓶内含有发出荧光分子的物质，在孵育时，微生物生长代谢过程中产生的 $H^+$ 和其他带电荷的原子团，使荧光分子改变自身结构转变为不发光的化合物，其荧光发生衰减，即荧光强度随着细菌的生长而降低。仪器每隔 15 分钟读取一次荧光读数，通过光电比色计检测荧光衰减程度，并设有自动报警系统，可及时判断有无微生物生长。由于该技术是在血培养瓶内添加了荧光分子，使其直接与标本中的微生物接触，该培养液中含有嘌呤、嘧啶、维生素及氨基酸等生长因子，从而可以快速检测培养瓶中微生物的生长变化。

### （三）血培养检测系统的临床应用

血培养系统用于血液样本中有无微生物存在的自动化分析系统。由于抗菌、抗肿瘤药物、免疫抑制剂和较多侵入性诊疗技术的广泛应用，导致病原微生物（细菌真菌等）侵入血液循环系统，在血液中繁殖，释放毒素及代谢产物，并诱导多种细胞因子释放，引起全身感染、中毒和炎症反应，临床上称为血流感染，血流感染严重者可导致休克、多器官衰竭、弥散性血管内凝血，甚至死亡。引起血流感染的病原微生物种类多、范围广，其毒力、致病性和耐药性各异。因此，及时准确地确定血液循环中是否有病原微生物侵入、病原微生物的种类以及耐药性等，是临床诊断与治疗血流感染的关键。除了用于血液样本检测外，血培养系统也可用于体内正常无菌部位，如胸腔、腹腔、关节腔、心包腔、脑脊髓腔等的病原微生物检测，为临床迅速有效地进行抗感染治疗提供诊断依据。

## 二、血培养检测系统的基本原理

由于细菌、真菌等病原微生物在生长繁殖过程中，能分解糖类产生 $CO_2$ 并引起培养基 pH 改变。因此，自动化血培养系统是基于 $CO_2$ 的检测原理，并应用多种方法，如光电比色法、荧光检测法、气压检测法、电阻抗/电压检测法，通过监测培养基的 $CO_2$ 含量或者 pH 变化，检测血液中是否存在微生物。

### （一）光电比色法

光电比色法是自动化血培养系统应用最多的方法。其工作原理是利用微生物在代谢过程中必然会产生终代谢产物 $CO_2$，从而引起培养基 pH 改变，使酸碱指示剂发生颜色反应。

该检测系统的血培养瓶底部有一个 $CO_2$ 感受器，感受器主要由水、酸碱指示剂（溴麝香草酚蓝）溶入硅胶构成。感受器与瓶内培养液之间被一层半渗透性离子排斥膜隔开，该膜的作用是只允许 $CO_2$ 通过，培养液中的其他成分包括 $H^+$ 等均不能通过。当培养瓶内有微生物生长时，释放出的 $CO_2$ 通过离子排斥膜渗透至感受器，与饱和水发生化学反应，产生游离 $H^+$，使 pH 降低，酸碱指示剂发生颜色反应，颜色由绿变黄。如果培养瓶底部变为黄色表示有细菌生长，则判断为阳性。

通过光电比色法检测培养瓶底部的颜色，可以确定细菌的生长状态。发光二极管每隔一定时间（如 10 分钟）照射并检测一次培养瓶底部的颜色，细菌代谢产生的 $CO_2$ 越多，颜色越深，反射光就越强。反射光强度数据传输至计算机处理，由软件绘制反射光强度随时间变化的生长曲线，分析判断阴性或阳性，并报告是否有微生物生长。

## （二）荧光检测法

荧光检测法是根据微生物在代谢过程中产生终代谢产物 $CO_2$，引起培养基 pH 及氧化还原电位改变，从而引起荧光强度的改变（增强或衰减）的原理，通过光电比色计对荧光强度进行检测，判断是否有微生物生长。

**1. 荧光增强法**　该系统通过检测血培养瓶底部 $CO_2$ 感受器含荧光物质的荧光强度，可以判断是否有微生物生长。培养瓶中有微生物存在时，产生的 $CO_2$ 与感受器中水起反应产生 $H^+$，使 pH 降低，促使感受器释出荧光物质。从二极管发射的光使荧光物质受到激发，发出荧光。微生物生长数量越多，产生的 $CO_2$ 浓度越大，荧光强度也越强。通过光电检测器对荧光强度进行检测，通过荧光强度变化判断是否有微生物生长。

**2. 荧光衰减法**　采用同源荧光技术来监测微生物的生长。与培养基结合的荧光分子在最初具有一定荧光值，微生物代谢过程中产生 $CO_2$、培养基 pH 改变、氧化还原电位等改变，导致液体培养基内的荧光分子结构发生改变而成为无荧光的化合物，即发生荧光衰减。通过光电检测器检测荧光衰减水平，可判断是否有微生物生长。

## （三）气压检测法

在微生物生长过程中常伴有吸收和产生气体的现象，因此，会消耗 $O_2$ 或产生 $CO_2$、$H_2$ 和 $N_2$ 等气体。如需氧菌生长时，会消耗培养瓶中的氧气，故最初表现为吸收气体。而厌氧菌生长时，最初无吸收气体现象，仅表现为产生气体（主要为 $CO_2$），这些微生物生长现象均可引起培养瓶内气体压力发生改变。因此，可以通过监测培养瓶内压力的变化，判断是否有微生物生长。

**1. 压力传感器检测系统**　该系统的培养瓶（包括需氧瓶和厌氧瓶）顶部与检测系统的压力传感器相接，检测系统定时采集培养瓶内部压力值，传输至计算机由软件处理，以气体压力对时间的变化绘制生长曲线图。当培养瓶内压力改变达到一定值时，判断为血培养阳性，即有细菌生长；否则为阴性，无细菌生长。

**2. 激光探测器检测系统**　该检测系统简易装备由一个传统的肉汤培养瓶和一个感应器组成，感应器是由外接一个长针的塑料透明贮液器构成。血液加入血培养瓶后，感应器的针头通过瓶塞插入肉汤中。病原菌生长产生的气体增加了瓶内部的气压，使肉汤培养液通过针头进入贮液器中，提示病原菌生长，但该装置检测系统不够灵敏。简易装备经过改进后，在培养瓶顶部安装激光探测器，定时对瓶顶部的隔膜扫描，从隔膜位置的升降可以反映瓶内压力变化。

## （四）电阻抗/电压检测法

血培养系统中含有不同电解质，因而具有一定导电性。微生物在生长代谢的过程中可将培养基中的电惰性底物代谢成活性底物，可产生质子、电子和各种带电荷的原子团，导致培养基的电阻抗或电压发生变化，通过电极检测培养基的导电性或电压变化，可判断是否有微生物生长。

**1. 电阻抗检测法**　在血培养瓶的瓶盖上有 2 个铂电极与瓶内培养基相连。在血培养过程中，每隔一定时间（如 30 分钟）自动检测一次铂电极间阻抗，若在 1 天内检测的数据差值发生明显变化，则提示可能有微生物生长，应在保持仪器继续监测的情况下，抽取培养液转种到固体培养基培养，以证实是否有微生物生长。监控数据以图像、斜率或数表的形式显示培养基导电性变化，从而提示微生物的生长。

**2. 电压检测法**　在血培养瓶上以铝和金分别作为正极和负极，并与瓶内培养基相连。正极、负极和培养基构成一个电化学原电池，正极释放电子，经检测系统电路到达负极。电子受体为培养基中的可还原物质，当培养瓶中有细菌生长时，电子受体被还原，电极间产生电压变化。通过监测电压，可以判断是否有微生物生长。

## 三、血培养检测系统的基本结构

自动血液培养系统的仪器型号众多，外观也差别很大，但工作原理相似的同类仪器结构基本相同。通常自动血液培养系统的组成主要有三个部分。

### （一）主机

**1. 恒温孵育箱**　设有恒温装置和振荡培养装置，依据可装培养瓶位的数量分为不同的型号，如 50、100、120、240 等。

**2. 检测系统**　根据检测原理不同，有多种检测技术，如放射性 $^{14}C$ 标记技术、特殊的 $CO^2$ 感受器、压力检测器、红外线或均质荧光技术等。

### （二）计算机、配套软件及其外围设备

通过条形码识别标本，借助软件带的数据库系统分析、计算培养瓶中细菌的生长变化，判断、记录和打印阳性、阴性结果（包括阳性出现时间），并进行数据贮存和分析等。

### （三）配套试剂与器材

**1. 培养瓶**　有多种，通常采用密封的真空负压设计，一次性使用，多带有条形码，根据临床需要选用，主要有需氧培养瓶、厌氧培养瓶、小儿专用培养瓶、分枝杆菌培养瓶等。

**2. 真空采血装置**　有些仪器配套有一次性使用的无菌带塑料管采血针，配合真空负压培养瓶能做到定量采血，血液通过负压作用自动流入瓶中，可避免采样污染。

**3. 条形码扫描仪**　用于扫描条形码置瓶和取瓶，避免错置和错取培养瓶，保证培养瓶和申请单一致。

## 四、血培养检测系统的技术要求

2008 年 4 月 25 日，国家食品药品监督管理局发布了自动化血培养系统的行业标准 YY/T 0656—2008，于 2009 年 6 月 1 日开始正式实施。此标准适用于临床实验室通过体外培养，检测人体血液或其他在正常条件下无菌的体液中微生物的自动化血培养系统，包括血培养设备及其所配套的培养基。本标准所指微生物的范围是细菌和酵母样真菌。此标准中规定了自动化血培养系统的术语、定义、要求、试验方法、标志、标签、使用说明和包装、运输、贮存。

**1. 正常工作条件**

（1）环境温度　仪器说明书中明确规定。

（2）相对湿度　仪器说明书中明确规定。

（3）电源电压　220V ±22V，50Hz ±1Hz。

（4）大气压力 仪器说明书中明确规定。

**2. 系统功能**

（1）具有连续孵育功能。

（2）自动监测和判断培养结果（培养阳性和培养阴性）。

（3）培养阳性应有明确的报警方式。

（4）应提供温度失控报警。

**3. 阳性培养结果的重复性** 血培养系统对标准菌株的检测结果均应为阳性。

**4. 血培养用培养基的无菌实验** 血培养系统对未进行接种的血培养用培养基，按产品说明书要求在血培养系统中进行培养，结果均为阴性。

**5. 血培养的稳定性**

（1）用到效期后 1 个月内的血培养用培养基对标准菌株的检测结果应为阳性。

（2）未进行接种的用到效期后 1 个月内血培养用培养基的检测结果应为阴性。

**6. 温度准确度及波动** 温度准确度及波动应满足下列要求。

（1）血培养系统温度准确度偏差应不超过 ±1.5℃。

（2）温度波动应不超过 3.0℃。

**7. 外观**

（1）血培养仪 外观应符合下列要求。

1）应整洁，无划痕，文字和标识清晰。

2）紧固件连接应牢固可靠，不得有松动。

（2）血培养用培养基 外观应符合下列要求。

1）盛装血培养用培养基的容器的外观应整洁，文字符号标识清晰。

2）盛装血培养用培养基的容器应无裂缝、密封性好，无液、渗液。

3）血培养用培养基内的液体无浑浊、无絮状沉淀、清澈透明。

## 五、血培养检测系统的保养与维护

### （一）环境要求

保持房间适宜的温度、湿度及洁净，防止灰尘的侵入。应设置温度计和湿度计、装空调，房间温度保持在 21.5～22.5℃。

### （二）计算机部分的维护与保养

**1. 软件** 不要随便删除或修改软件，并防止误删或错删。在存放重要数据的软盘上贴上"保护"字样，坚持定期系统备份，对于硬盘上的重要数据也应用硬盘备份保护。

**2. 显示器** 应保持显示器表面的清洁，加盖防尘罩，防止灰尘落入显示器机箱。适当调整显示器的亮度和倾斜度，以利于保护工作人员的视力。

**3. 硬盘** 避免震动，工作台要平稳，在硬盘工作时，不要搬动电脑，以免震动擦伤磁盘造成数据丢失。移动电脑时，一定要先切断电源再小心移动，避免碰撞。不要频繁开、关机，有条件的单位可选用不间断电源（UPS），防止突然断电及通电对电子设备造成损害。

### （三）主机部分的维护与保养

（1）每日检查所有指示灯与报警信号灯状态。

（2）每隔 1 周用清水清洗仪器后部的空气过滤器。

（3）每隔 1 个月检查仪器内温度计读数与显示屏显示的温度是否一致，注意需保证仪器门关门时间大于 2 小时。

（4）每隔 1 个月清洁仪器内的灰尘，除去仪器内的纸屑等杂物。

（5）每 3 个月检查仪器内探测器是否洁净，如需要清洗，可使用无水乙醇清洁。

（6）每半年检查稳压电源的输出电压是否正常。

📎 **知识链接**

**血培养系统未来发展方向**

展望自动化血培养系统的未来，可能向以下几方面发展。

**1. 灵敏度更高**　如采用特定波长的激光检测微量 $CO_2$ 的变化，使检出时间更快。

**2. 检出的范围更广**　能同时检出好氧菌、兼性好氧菌、厌氧菌、分枝杆菌和真菌等。

**3. 自动化和计算机的智能化程度更强**　包括专家系统、数据分析、传输和储存系统，使阳性结果能直接传输至相关医生的计算机上。

**4. 所需血液样本量更少**　仪器和设备的单位体积更小，提高检测效率。

**5. 进一步降低污染率**　减少假阳性率和假阴性率。

**6. 降低成本**　减少费用，患者更易接受。

# 第二节　微生物鉴定和药敏分析系统

## 一、微生物鉴定和药敏分析系统概述

不同细菌具有各自独特的酶系统，因而对底物的分解能力有所差异，其代谢产物也不同。这些代谢产物又具有各自不同的生物化学特性，鉴定系统根据这些特点，来确定生化反应的阳性结果。不同微生物鉴定系统的生化测定方法不同。

### （一）微生物鉴定和药敏分析系统发展史

长期以来，临床微生物实验室一直沿用一百多年前由革兰、巴斯德、郭霍等建立的传统的微生物学鉴定方法，主要根据其形态、染色和生化特征进行手工鉴定，程序繁杂，成本高、效益少、质量参差不齐，且在方法学和结果的判定、解释等方面，易发生主观片面问题而引起错误，难以进行质量控制。

20 世纪 60 年代，细菌鉴定方法主要通过手工配制的试管培养基测定细菌的生化反应试验，项目单一、操作烦琐，鉴定细菌的种类有限。20 世纪 70 年代后期，采用了物理和化学的分析方法，并根据细菌生物学性状和代谢产物的差异，逐步发展了微量快速培养基和微量生化反应系统，细菌检测开始机械化、自动化，实现了从生化模式到数字模式的转变，并通过将恒温孵育系统、读数仪和计算机分析的功能结合，形成了半自动化或自动化微生物分析系统，突破性地解决了微生物学检测的烦琐问题，缩短了报告形成的时间。20 世纪 80~90 年代，发展迅速，一些自动化程度高、功能齐全的微生物鉴定和药敏系统相继出现，并广泛应用于临床。1985 年，第一台自动化微生物系统进入中国并成功使用，该系统原由美国航天系统为了鉴定宇宙环境中的微生物而研制。1999 年底，法国推出 VITEK2 系统，从接种物稀释、密度计比浊及卡冲填和封卡等步骤均实现了自动化。目前已有多种微生物自动鉴定及药敏分析系统问世。这些自动化系统具有先进的微机系统、多样的鉴定功能，同时通过定期统计学处理，为医院感染的控制及流行病学调查提供了科学的依据，适用于临床微生物实验室、卫生防疫和商检系统，主要功能包括细菌、厌氧菌、真菌鉴定，细菌药物敏感性试验及最低抑菌浓度的测定等。其准确性和可靠性均已大大提高。

之后一种能直接测量抑菌圈直径的药敏系统投入临床使用，它的原理是经孵育的药敏平板，通过仪器的图像分析系统识别并计算抑菌圈直径。根据判断标准，得出药敏试验结果。这些仪器可减少人工测量抑菌圈直径误差及主观判断错误，并能根据抑菌圈大小来计算最低抑菌浓度，但值得注意的是，该类仪器对抑菌圈内模糊生长或微小的菌落不能有效识别，而这些菌落对细菌耐药性的判定十分重要，而且读取每个平板时仍必须进行人工观察。微生物鉴定的自动化可以缩短微生物的鉴定时间，并可促进实验室检测的标准化。但是该方法试剂消耗费用、一次性设备投入都很高，在某些情况下，其结果还需要候补方法确认，部分药敏试验的组合板也不适合。因此发展费用低、减少或取消候补方法确认、快速报告、适应性更强、智能化水平更高的新一代微生物鉴定系统是技术提升的方向。

### （二）微生物鉴定和药敏分析系统的分类

微生物鉴定和药敏分析系统按照其自动化程度，可以分为半自动细菌鉴定和药敏分析系统、全自动细菌鉴定和药敏分析系统。

**1. 半自动细菌鉴定和药敏分析系统**　常见的为 ATB 半自动细菌鉴定和药敏分析系统，此产品由计算机和读数器两部分组成，计算机程序包括 ATB 和 API 的鉴定数据库、ATB 的药敏数据库、数据库储存和分析系统及药敏专家系统。

**2. 全自动微生物鉴定和药敏分析系统**　常见的全自动微生物鉴定和药敏分析系统主要包含以下几种。

（1）VITEK-2 系统　第一代全自动微生物鉴定和药敏分析系统。

（2）MicroScan Walk/Away 系统。

（3）PHOENIX 系统　新一代全自动快速细菌鉴定和药敏分析系统。

（4）BBL Crystal Autoreade　自动细菌鉴定系统：新型荧光检测细菌鉴定系统。

（5）D1-96 自动鉴定系统　自动细菌鉴定及药敏检测系统。

### （三）微生物鉴定和药敏分析系统的临床应用

当前新耐药菌在不断出现，常导致手术治疗失败、并发症增多、反复感染、住院时间延长、抗生素及其他药物的使用增加等。由于新抗生素的广泛使用，细菌对抗生素的耐药谱不断在发生变化，特别是耐药性经常具有多重耐药的特点，有时甚至找不到可治之药。在细菌耐药性日趋严重的情况下，细菌的鉴定和药敏试验在临床诊断和治疗中就显得尤为重要。

细菌耐药性是人类在使用抗微生物药的长期过程中细菌对人类的反抗。人类解决这一棘手的问题，主要从以下五点着手：①制造新的抗生素；②改造现有各类抗生素；③正确使用现有的抗生素；④改造和加强细菌室，提升专业水平，使鉴定和药敏分析工作及时和准确；⑤密切和临床联系，争取抗生素治疗能个体化。

要系统地监测当地、本医院的细菌种类及其药敏谱，在电脑的帮助下定期快速生成报告，使医生经验用药时，有依据可循。手术期正确使用抗生素，更是治愈疾病不可忽视的重要组成部分，有利于减少临床医生的错误用药。

## 二、微生物鉴定和药敏分析系统的基本原理

微生物鉴定和药敏分析系统包括微生物鉴定和药敏分析两个方面。

### （一）微生物鉴定系统的检测原理

鉴定系统的检测原理因仪器不同而不同。由于不同的细菌其酶系统不同，因此，细菌新陈代谢时分解的底物和产物也就有所不同，大多数鉴定系统利用细菌分解底物后反应液 pH 变化、色原性或荧光原性底物酶解、测定挥发或不挥发酸或识别细菌是否生长等方法来鉴定细菌。将细菌制成细菌悬液，填充测试卡，放入孵育箱后，在控制系统控制下，检测器每隔一段时间检测一次测试卡，通过对各反应孔底物进行光扫描，动态观察反应变化，一旦测试卡内终点指示孔达到临界值，则表示此卡检测完成，依据测试卡生化反应的颜色或荧光强度变化进行结果判断，再通过数学的编码技术，将待测菌的生化反应结果转换成数码，比对数据库，由仪器自动分析得到细菌鉴定结果。

### （二）药敏试验的检测原理

自动化抗菌药物敏感性试验使用药敏测试板（卡）进行测试，其实质是微型化的肉汤稀释法药敏试验。首先在条孔或条板中将抗菌药物微量稀释，加入细菌悬液孵育后，放入仪器或在仪器中直接孵育，仪器每隔一定时间（如 15 分钟）自动测定细菌生长的浊度或测定培养基中荧光指示剂的强度、荧光原性物质的水解情况，来观察细菌的生长情况。得出待检菌在各浓度药物的生长斜率，经回归分析得到最低抑菌浓度 MIC 值，并根据临床和实验室标准得到相应敏感度，并对结果形成分析、判断，可判断为敏感（S）、中度敏感（I）和耐药（R）。

药敏测试板（卡）根据仪器的不同，分为常规测试板和快速荧光测试板两种。常规测试板的检测原理为比浊测定法，快速荧光测试板的检测原理为荧光测定法。

**1. 比浊测定法**　当把定量稀释的菌悬液加入药敏测试板（卡），35℃孵育 24 小时，观察细菌的生长情况。由于不同种药物或不同浓度的同种药物对测菌抑制程度不同，因此待测菌生长表现为不同程度的浊度。如果药物的抑菌作用强，细菌生长受抑制，表现为生长不良或不生长，菌液澄清；反之，菌液浑浊。通过光电比色计或比浊仪检测各孔浊度，绘制待测菌在药物不同浓度下的生长浊度曲线，可以判断药物对待测菌的抑制作用，并得出最低抑菌浓度 MIC 值。

**2. 荧光测定法**　使用的药敏测试板（卡）含有荧光底物。定量稀释的菌悬液加入药敏测试板（卡），经 35℃孵育，由于药物抑菌作用不同，细菌生长程度也不同。细菌生长产生 $CO_2$，使 pH 降低、氧化还原电位发生改变，引起荧光物质受激发发光或发生结构改变出现荧光衰减，通过光电比色计对荧光强度进行检测，绘制待测菌在药物不同浓度下的荧光强度曲线，从而判断药物对待测菌的抑制作用，得出最低抑菌浓度 MIC 值。控制读数器，每隔 1 小时对各反应孔底物进行光扫描并读数，可以动态观察反应变化。该方法检测敏感度高，适用于快速检测。

## 三、微生物鉴定和药敏分析系统的基本结构

微生物鉴定和药敏分析系统主要由测试板、菌液接种器和比浊仪、孵育和监测系统、数据管理系统等部分构成。

**1. 测试卡（板）**　各种微生物自动鉴定及药敏分析系统均配有相应的测试卡或测试板。测试卡（板）是系统的工作基础，不同种类的测试卡（板）具有不同的功能。测试卡（板）上都附有条形码，上机前经条形码扫描器扫描后可被系统识别，系统会自动给测试板编号，以防标本混淆。

**2. 菌液接种器和比浊仪**　绝大多数自动微生物鉴定和药敏分析系统都配套有自动接种器，有真空接种器和活塞接种器两个型号，以真空接种器多见。系统一般都配有标准麦氏浓度比浊仪，检测时用于测试稀释了的待检菌液的浊度。

**3. 孵育和监测系统**　测试卡（板）接种菌液后即可放入孵箱/读数器中进行孵育和监测。监测系统在测试卡（板）放入孵育箱后，即对测试板进行初次扫描，并将检测数据储存起来作为对照数据。监测系统每隔一定时间，就对每孔的透光度或荧光物质的变化进行检测。一些测试板经适当的孵育后需添加试剂才能继续比色法测定，此时系统会自动添加，并延长孵育的时间。快速荧光测定系统可直接对荧光测试板各孔中产生的荧光进行检测。系统将检测所得数据与数据库里的数据比较，并参照初次扫描的对照数据，推断出菌种的类型及药敏结果。

**4. 数据管理系统**　是整个系统的核心，负责数据的转换及分析处理。它控制孵箱温度及一些外围设备的正常运行，并自动计时读数；始终保持与孵箱、读数器、打印机的联络，收集记录、储存和分析数据。当反应完成时，计算机可根据需要自动打印报告单。当系统出现故障时会自动报警发出指令。系统还借助其强大的运算功能，对菌种发生率、菌种分离率、抗菌药物耐药率等项目进行流行病学统计。有些仪器还配有专家系统，可对药敏试验的结果进行分析，其"解释性"判读有一定参考价值。

## 四、微生物鉴定和药敏分析系统的技术要求

2017 年 3 月 28 日，国家食品药品监督管理总局发布了细菌生化鉴定系统的行业标准 YY/T 1531—2017，于 2018 年 4 月 1 日开始正式实施。此标准适用于采用生化鉴定方法对临床细菌进行种属水平鉴定的仪器和鉴定试剂。仪器主要包括半自动细菌鉴定仪器、全自动细菌鉴定仪器，试剂主要包括鉴定板、鉴定条等鉴定试剂。此标准中详细规定了细菌生化鉴定系统的要求、试验方法、标签、使用说明书和包装、运输、贮存。

**1. 鉴定准确性**　用已知菌株进行测试，鉴定结果应与已知菌名称相符。

**2. 鉴定重复性**　质控菌株进行重复测试，得出的鉴定结果应相同。

**3. 试剂批间重复性**　用质控菌株对 3 个批号试剂进行检测，得出的鉴定结果应相同。

**4. 试剂稳定性**　用质控菌株对接近效期试剂进行检测，鉴定结果应与已知菌名称相符。

**5. 温度控制**

（1）仪器孵育温度应在 35℃ ±2℃。

（2）温度波动应不超过 3.0℃。

注：半自动仪器不适用。

**6. 提示报警**　全自动仪器在出现错误或异常状况时应有提示报警。

**7. 外观**

（1）仪器外观要求

1）面板上图形符号和文字应准确、清晰、均匀、不得有划痕。

2）紧固件连接应牢固可靠，不得有松动。

3）运动部件应平稳，不应卡住、突跳及显著空回，键组回跳应灵活。

（2）试剂外观要求

1）外观应整洁，文字符号标识清晰。

2）包装应完整，无裂缝、密封性好。

## 五、微生物鉴定和药敏分析系统的保养与维护

目前，临床常用的自动化微生物鉴定及药敏分析系统种类、型号繁多，检测原理和仪器结构有所差异。为保证检测结果的可靠性和准确性，必须做好系统设备的维护和保养，使其处于良好的工作状态。

（1）严格按手册规定进行开、关机及各种操作，防止因程序错误造成设备损坏和信息丢失。

（2）定期清洁比浊仪、真空接种器、封口器、读数器及各种传感器，避免由于灰尘而影响判断的正确性。

（3）定期用标准比浊管对比浊仪进行校正，用 ATCC 标准菌株测试各种测试卡，并做好质控记录。

（4）建立仪器保养程序，保证仪器正常工作。

1）每天检查仪器表面是否清洁、有无污染，用软布擦拭四周及表面。

2）每天检查仪器冲液器表面是否清洁、有无污染，用软布擦拭清洁。

3）每天检查切割机口是否清洁、有无污染，擦拭干净。

4）每天清洁计算机屏幕、键盘、鼠标等附属设备。

5）每月清洁、更换标本架，检查有无破损。

6）每 6 个月进行一次仪器全面维护。

（5）建立仪器使用、故障和维修记录，详细记录每次使用情况和故障的时间、内容、性质、原因和解决办法。

（6）定期由工程师做全面保养，并排除故障隐患。

### 目标检测

答案解析

**一、单选题**

1. 自动血培养系统是通过监测培养基中的（　　）含量或者 pH 变化，检测血液中是否存在微生物。
    A. $O_2$　　　　　　　　B. $CO_2$　　　　　　　C. $Na^+$　　　　　　　D. $Cl^-$

2. 自动血培养系统应用最多的方法是（　　）。
    A. 荧光检测法　　　　　　　　　　B. 气压检测法
    C. 光电比色法　　　　　　　　　　D. 电阻抗/电压检测法

3. 药敏分析测试板根据仪器的不同分为常规测试板和快速荧光测试板两种。常规测试板的检测原理是（　　）。
    A. 荧光测定法　　　B. 电阻抗法　　　C. 气相色谱法　　　D. 比浊测定法

**二、多选题**

1. 血培养瓶一般分为（　　）。
    A. 需氧培养瓶　　　　　　　　　　B. 仪器厌氧培养瓶
    C. 小儿专用培养瓶　　　　　　　　D. 中和抗生素培养瓶
    E. 分枝杆菌培养瓶

2. 微生物鉴定和药敏分析系统的基本结构包括（　　）。

    A. 测试板                           B. 孵育和监测系统

    C. 数据管理系统                      D. 菌液接种器

    E. 比浊仪

## 三、简答题

请简述血培养检测的主要临床意义。

---

**书网融合……**

本章小结

# 第七章　免疫分析仪器

## 学习目标

1. **掌握**　免疫分析仪器的基本原理。
2. **熟悉**　免疫分析仪器的基本结构。
3. **了解**　免疫分析仪器的临床应用及保养维护。
4. 学会免疫分析仪器保养与维护的基本技能。

## 岗位情景模拟

**情景描述**　免疫分析仪器可以根据抗原、抗体特异性结合的特点对样本中的微量物质进行检测。在某次检测中，所使用的免疫浊度分析仪在开机自检数秒后发出"咔咔"声，错误信息提示样本或试剂针出现了机械传动上的问题。

**讨论**　1. 免疫浊度分析仪的基本结构是什么？

　　　　2. 出现上述问题可能的原因有哪些？

　　　　3. 如何解决以上故障？

---

免疫学是一门迅速发展的学科，免疫学理论和技术已广泛应用于临床医学和检验医学。免疫测定（immunoassay，IA）是指利用抗原和抗体特异性结合反应的特点来检测样本中微量物质的方法。免疫测定的应用范围不仅是具有免疫特性的物质，而且遍及检验医学的各个领域。可测定的物质主要包括免疫球蛋白及其片段、单个补体成分、细胞因子及其受体、细胞黏附分子及其配体、微生物抗原成分及相应抗体、血液中多种凝血因子、酶及同工酶、小分子等。

现代免疫分析技术主要是指标记的免疫分析技术，根据标记物的性质，可以分为酶免疫分析、放射免疫分析、荧光免疫分析等。结合分析所采用的测定技术，又包括免疫比浊分析、发光免疫分析等。

## 第一节　酶免疫分析仪

### 一、酶免疫分析仪概述

酶免疫分析（enzyme immunoassay，EIA）以酶标记抗原或抗体作为示踪物，发生免疫反应后，由免疫复合物上高活性的酶催化底物显色来达到定性、定量分析的目的。这种标记免疫分析技术最早于1966年由美国和法国学者同时报道建立。因其特异性、操作简便快速、试剂稳定而被广泛应用，成为目前诊断感染性疾病、肿瘤和内分泌紊乱等疾病的主要检测技术。

#### （一）酶免疫分析仪发展史

1966年，美国的 Nakane 和 Pierce 以及法国的 Avramcas 和 Uriel 同时报道了以新的标记物——辣根过氧化酶替代荧光素，定位组织中抗原的酶免疫组织化学技术（enzyme immunohistochemistry，EIH）。1971 年，Engvall 和 Perlmann 在酶免疫组织化学的基础上，又发展了一种酶标固相免疫测定技术，即酶联免疫吸附试验（enzyme–linked immunosorbent assay，ELISA），成为继荧光免疫放射免疫分析技术之后的三大标记免疫分析技术之一。由于酶免疫测定技术（enzyme immunoassay，EIA）具有灵敏度高、操作简单、试剂有效期长、对环境污染小等优点，而迅速被应用于各种血清学标志物和生物活性物质的临床检测中，并在临床应用中逐步取代了放射免疫分析技术。

20 世纪 70 年代中期，随着杂交瘤技术的发展，出现了单克隆抗体，其应用于酶免疫测定，极大地提高了酶免疫测定的灵敏度和特异性，使双抗体夹心等酶免疫测定方法相继出现。近年来，酶免疫分析技术飞速发展，酶免疫分析仪则是 ELISA 测定的专用仪器。20 世纪 80 年代初，普通的酶免疫分析测定仪即酶标仪问世。我国于 1981 年也生产出第一台酶标仪（510 型酶标比色计）。最初的酶标仪是一种用于微孔板比色测定的光电比色计，经过不断改进，如今已发展为自动化、高效率、高精度的测定仪。在酶标仪问世前，甚至在问世后的十多年间，临床实验室曾经历过依靠肉眼观察有无显色，判读 ELISA 检验结果的阶段，直至 20 世纪 90 年代，酶标仪才逐渐在医院和血站临床实验室广泛投入使用。

20 世纪 90 年代后期，随着 ELISA 测定技术的发展和应用，国外陆续研发出多功能的新型酶免疫分析仪，使酶免疫分析仪从单一的比色读板功能发展成为集多种功能为一体的全自动酶免疫分析仪，实现了一台机器可将 ELISA 实验从加样、孵育、洗涤、振荡、比色到定性或定量分析的各个步骤都根据用户事先设计的程序自动运行，直至最后完成报告存储与打印。

根据全自动酶免疫分析仪的基本技术特征，可将其分为三代产品。第一代全自动酶免疫分析仪：实现了单/双针加样系统与酶标板处理系统一体化，但多数微孔板的孵育位置少于 4 块板。第二代全自动酶免疫分析仪：单一轨道，由于不能同时处理两种过程（如洗板的同时不能加试剂等），其工作任务表（或时间管理器 TMS）"堵车"现象仍无法避免，试验完成时间延长。第三代全自动酶免疫分析系统：基本特征是采用多任务、多通道，完全实现平行过程处理。

酶免疫分析仪按其性能，分为普通酶标仪和全自动酶免疫分析仪。前者仅对 ELISA 实验结果进行比色，测量每一测试微孔的吸光度值；后者则是具有自动加样本、加试剂、自动控温、温育、自动洗板和自动判读等功能的分析系统。从 20 世纪末至 21 世纪初，随着检验样品数量的增加，全自动酶免疫分析仪已成为国内大医院和中心血站工作的首选，使实验过程实现了标准化、规范化，提高了实验室的运行能力和检测的精确度、特异性和重复性，同时也避免了手工操作的误差，降低了操作人员的劳动强度，提高了操作人员的自身安全性。

### （二）酶免疫分析仪的分类

下边以酶标仪为例介绍酶免疫分析仪的分类方法。

**1. 按照功能分类**　酶标仪可分为光吸收酶标仪、荧光酶标仪、化学发光酶标仪、多功能酶标仪、酶联免疫分析系统或酶联免疫一体机等。

（1）光吸收酶标仪　用于检测酶联免疫检测中，酶作用于底物后的产物，对可见光或紫外光的吸收程度，适用于底物为色原性底物的酶联免疫分析。

（2）荧光酶标仪　实质上是一种发光型酶标仪。在酶联免疫分析中，某些酶作用于特定荧光底物后，底物的分解产物可被激发光激发，处于激发态的产物不稳定，随即回到基态并以荧光的形式释放能量。释放的荧光的强度可用荧光酶标仪进行检测，通过与标准物质比较，可对待测物进行定性或定量分析。荧光酶标仪适用于酶的底物为荧光底物的酶联免疫分析。

（3）化学发光酶标仪　也是一种发光型酶标仪。在某些酶联免疫检测中酶作用于底物后，底物发生化学反应并释放出能量，反应产物吸收能量后被激发，处于激发态的产物不稳定，随即回到基态，并以发光的形式释放能量。发光酶标仪就是以检测此类发光强弱来对待测物进行定性或定量分析的检测仪，适用于酶的底物为发光底物的酶联免疫分析。

（4）多功能酶标仪 是以上三种酶标仪的结合，它集成了两种或者两种以上功能于一体，可以同时进行光吸收、荧光或化学发光的检测。多功能酶标仪的功能强大、使用范围广，在研究中广泛使用。

（5）酶联免疫分析系统或酶联免疫一体机 是将酶联免疫分析中的加样、孵育、洗板、加试剂、检测等有机组合，形成全自动酶联免疫分析系统。

**2. 按照检测通道数分类** 酶标仪可分为单通道和多通道两种类型。

（1）单通道酶标仪 又有自动和手动之分。自动型的仪器有 X 轴、Y 轴方向的机械驱动装置，可将微孔板的小孔依次送到检测光束下，逐一进行测试。手动型则依靠手工移动微孔板来进行测量。

（2）多通道酶标仪 为自动型，它设有多路光束和多个光电检测器。如 8 通道检测仪器设有 8 条光束（8 个光源）、8 个检测器和 8 个放大器，在机械驱动装置的作用下沿 1nm 方向进退，8 个样本为一排同时检测。多通道酶标仪的检测速度快，其结构较为复杂，价格也较高。

**3. 按照测定模式分类** 酶标仪目前主要有单波长和双波长两种测定模式。

（1）单波长测定 是选择待测物的最大吸收波长作为检测波长，直接测定样本的吸光度。

（2）双波长测定 采用两个不同的波长，即测定波长（主波长）和参比波长（次波长），双波长测量模式能消除外在干扰，可以提高检测的精密度和准确度。

**4. 按照滤光方式分类** 酶标仪可分为滤光片式酶标仪和光栅式酶标仪。

（1）滤光片式酶标仪 采用固定波长的滤光片以提供检测波长，酶标仪内置滤光片轮，一般包含46 块滤光片，常配滤光片有 405nm、450nm、490nm、630nm 等。

（2）光栅式酶标仪 通过光栅进行分光，光源发出的复合光经过光栅分光形成单色光，波长连续可调，一般递增量为 1nm。光栅测定待测物的最大吸收波长（主波长）和参比波长（次波长），双波长测量模式能消除外来干扰，获得未知样本的光吸收峰。

### （三）酶免疫分析仪的临床应用

酶免疫分析技术具有高度的敏感性和特异性，几乎所有的可溶性抗原和抗体均可以测定，在临床中广泛应用。

**1. 血液学及细胞因子检测** 血小板相关抗体、D－二聚体、血清纤维蛋白降解产物、T3、T4 等检测；干扰素、白细胞介素、肿瘤坏死因子等的检测。

**2. 免疫学检验** C 反应蛋白、免疫球蛋白、循环免疫复合物、类风湿因子、抗甲状腺球蛋白抗体、微粒体抗体等；各型肝炎病毒、乙型脑炎病毒、艾滋病病毒等病毒感染；链球菌布鲁杆菌、结核杆菌等细菌感染；血吸虫、肺吸虫、弓形虫、阿米巴等寄生虫感染的检测。

**3. 肿瘤标志物检验** 甲胎蛋白、癌胚抗原、前列腺特异抗原等的检测。

## 二、酶免疫分析仪的基本原理

### （一）酶免疫分析技术的原理

酶免疫分析是利用酶催化反应的特性来进行检测和定量分析的免疫反应。酶是一种能催化化学反应的特殊蛋白质，其催化效力一般可使反应加速几亿到几百亿倍。此外，酶还具有高度的专一性，即每一种酶只催化一种或一组密切相关的化学反应。酶免疫分析是将酶催化的放大作用与抗原抗体的免疫反应相结合的一种微量分析技术。在实际应用中，首先要让酶标记的抗体或抗原与相应的配体（抗原或抗体）发生反应，然后再加入酶底物。酶催化反应发生后，相应底物被酶分解并发生显色反应，从而对样品中的抗原（或抗体）进行定位分析和鉴定；同时，可通过检测下降的酶底物浓度或升高的酶催化产物浓度（显色的深浅）来定量分析抗原抗体反应，即确定样品中待测抗原或抗体的含量。

酶标记抗体或抗原后，既不影响抗体或抗原的免疫反应特异性，也不改变酶本身的催化特性，即在相应的反应底物参与下，标记的酶可以使底物基质水解而呈色，或使供氢体由无色的还原型转变为有色的氧化型，这种有色产物可以通过肉眼、光学显微镜或电子显微镜进行观察，也可以用分光光度计加以测定。呈色反应显示了反应体系中酶，即被标记的抗体（或抗原）的存在，从而证明了发生了相应的免疫学反应。由此可知，酶免疫分析技术是一种特异性强而且敏感的检测技术，可以在细胞或亚细胞水平上示踪抗原或抗体的所在部位，也可以在微克甚至是纳克水平上对其进行半定量、定量测定。

### （二）酶免疫分析仪的原理

下边以酶标仪为例介绍酶免疫分析仪的原理。

酶标仪可用比色法来分析抗原或抗体的含量，依照比色原理进行工作，即依据酶与底物能产生显色反应，不同的物质有其各自的特征吸收谱线的原理，并遵从朗伯－比尔定律，根据显色物的有无和呈色深浅程度对待测物质进行定性及定量分析。实际上，酶标仪的基本工作原理就是分光光度法，其工作原理、主要结构和光电比色计或分光光度计非常相似。由于 ELISA 技术总吸附免疫试剂的载体可用不同形式的固相支持物，如试管、微孔板、小珠、微粒等，因此，采用 ELISA 技术可设计成不同的酶标仪。各种基于 ELISA 技术的酶标仪的结构差异很大。微孔板固相酶免疫测定仪是临床最常用的酶免疫分析仪之一。

一种采用微孔板、单通道、自动进样的酶标仪原理如图 7-1 所示。图 7-1 中光源发出的光经过滤光片或单色器后成为一束单色光，经过塑料微孔板中的待测标本到达光电检测器，把光信号转变为电信号，电信号经前置放大、对数放大、模－数转换等单元，信号被放大并转换为数字信号送入计算机中进行数据处理和计算，最后将测试结果显示并打印出来。计算机还通过控制电路控制 X 方向和 Y 方向机械臂的运动，自动变换检测样品孔。手动进样的酶标仪则由操作者手工移动微孔板，结构更简单。

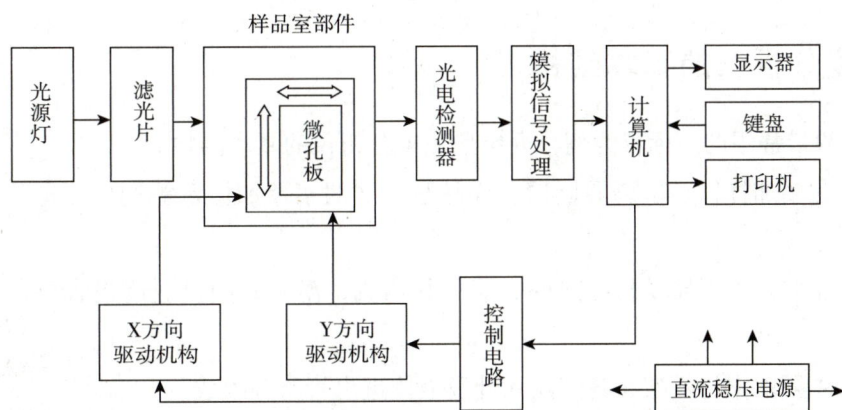

图 7-1　单通道、自动进样酶标仪工作原理图

酶标仪既可以使用与分光光度计相同的单色器得到单色光，也可以使用干涉滤光片来获得单色光，图 7-2 是一种酶标仪的光路系统，光源发出的光经过聚光透镜、光栅后，到达反射镜，经反射镜反射后，转向 90°，垂直通过比色溶液，然后再经滤光片到达光电管，光电管将检测到的光信号转变为电信号，经一系列处理后送入计算机。图 7-2 中，将滤光片置于比色液（在微孔板中）的前或后的效果是

一样的，此外，酶标仪的光束可设计成由上到下通过比色液，也可设计成由下到上通过比色液。

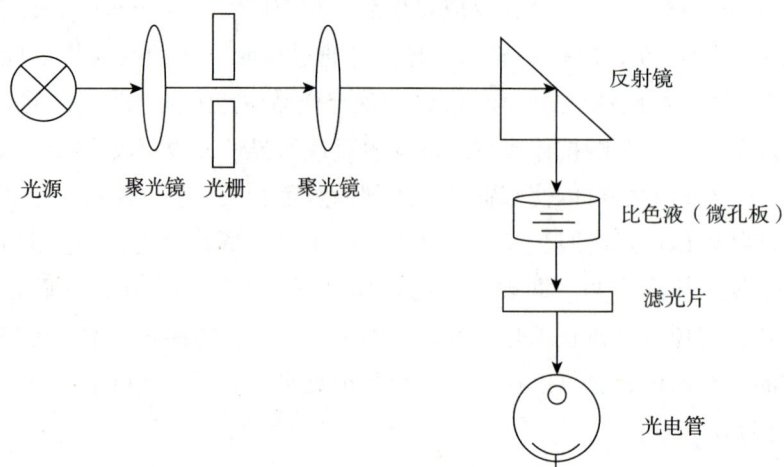

图 7 – 2　酶标仪光路系统

由酶标仪的工作原理图和光路图，可看出与普通光电比色计的不同之处：①盛装比色液的容器不是使用比色皿，而是使用塑料微孔板。由于塑料微孔板对抗原或抗体有较强的吸附力，因此常用其作固相载体。通常用透明聚乙烯材料制作塑料微孔板。②酶标仪的光束是垂直通过比色液（微孔板）的。③酶标仪使用光密度来表示吸光度。酶标仪有单通道和多通道两种类型，单通道又分为自动型和手动型两种。多通道酶标仪一般都是全自动型，全自动型多通道酶标仪在每个通道里都配有一套独立的包括光束、放大器和光电检测器等单元的光度检测系统，此类仪器检测速度快，但结构复杂、价格较贵，多用于大中型医院。

根据全自动酶联免疫分析系统的处理模式，通常将酶标仪分成两类：分体机和连体机。分体机由"前处理系统"（全自动样本处理工作站）和"后处理系统"（全自动酶联免疫分析仪）两个独立的部分组成。连体机由多个模块组成，不过只使用一台计算机、一套操作系统，就实现了从标本稀释、加样到酶标板孵育、洗涤、加试剂、再孵育、洗涤、读数和结果打印的全自动。

### 三、酶免疫分析仪的基本结构

以临床免疫检验最常用的酶标仪为例，介绍酶免疫分析仪的基本结构。

**1. 加样系统**　包括加样针、条码阅读器、样品盘、试剂架及加样台等构件，样品盘所用的微孔板多为 96 孔。

**2. 温育系统**　主要由加温器及易导热的金属材料构成，温育时间及温度设置是由控制软件精确调控的。

**3. 洗板系统**　主要由支持板架、洗液注入针及液体进出管路等组成。

**4. 判读系统**　主要由光源、滤光片、光导纤维、镜片和光电倍增管组成，是最终结果客观判读的设备。

**5. 机械臂系统**　该系统由软件控制，可以精确移动加样针和微孔板，并通过输送轨道将酶标板送入读板器进行自动比色读数。

### 酶标仪与普通光电比色计的区别

从酶标仪的工作原理和光路图上可以看出，它和普通的光电比色计有如下区别。

（1）装载比色液的容器不再是比色皿，而是塑料微孔板，微孔板常用透明的聚乙烯材料制成，对抗原、抗体有较强的吸附作用，故用它来做固相载体。

（2）由于装载样本的塑料微孔板是多排、多孔的，因此酶标仪的光束是垂直穿过待测溶液和微孔板的，可以从上到下，也可从下到上。

（3）酶标仪一般要求样品的体积在 250μl 以下，一般光电比色计是无法测试的，因此，酶标仪中的光电比色计是一种高级光度计式读数仪，具有检测方便、测量准确、高通量的特性，且测试速度快、稳定性好。

（4）酶标仪通常用光密度（OD）来表示吸光度。

## 四、酶免疫分析仪的性能指标

下边以酶标仪为例介绍酶免疫分析仪的性能指标。

酶标仪的主要性能指标包括标准波长、吸光度可测范围、线性度、读数的准确度、重复性、精确度和测读速度等。优良的酶标仪的读数一般可精确到 0.001OD，准确性为 ±1%，重复性达 0.5%。

**1. 标准波长**　不同厂家生产的酶标仪出厂时配置的标准滤光片的数目和波长不尽相同，常见的波长（nm）配置组合有 405、450、490、655；405、450、492、630；405、450、490、630；405、450、492、550、620、690 和 340、405、450、620 等。

**2. 吸光度（$A$）测量范围**　不同型号的酶标仪吸光度（$A$）测量范围略有不同，一般分别为 0～2.5、0～3.0、0～3.2、0～3.5 和 0～4.0。

**3. 重复性**　不同机器的重复性不同，同一机器在不同的吸光度测量范围和不同测定波长下的重复性也不同，通常可达到 0.5%。

**4. 准确度**　不同机器的准确度略有差异，同一仪器的准确度，随吸光度测量范围，以及选择单或双波长测定有所改变。通常准确度达到 ±1% ～ ±2%。

**5. 线性度**　与测定波长和吸光度测量范围有关，如 405nm，$A=0～3.0$，±2%。

**6. 测量速度（96 孔板）**　不同机器的测量速度有所不同。选择单波长测定时 5 秒、10 秒、25 秒、30 秒不等；选择双波长测定时 6 秒、7 秒、8 秒、33 秒不等。

**7. 其他功能**　包括是否具有微孔板振动功能和紫外光测定功能等。

## 五、酶免疫分析仪的保养与维护

正确使用与维护有利于设备的正常运行与延长设备的工作寿命。

### （一）酶免疫分析仪的保养

（1）仪器的存放环境应保持干燥，防止受潮、腐蚀，远离强电磁场干扰源。

（2）电源开关不要连续急开急关。

（3）电源电压必须符合规定范围，即交流 220V ±10%、频率 50Hz ±2%（如有条件可与 UPS 电源相连）。虽然电源设计考虑到电压波动的影响，但也不能接到 380V 电压上，一旦误接，仪器将有严重损坏。

### （二）酶免疫分析仪的维护

仪器的基本器件均经过可靠性和有效性试验，电气性能稳定可靠，在结构设计和整机设计上也采取了强化方案，在正常使用中功能部件没有调整和更换的要求，但有些器件根据使用情况需要更换。

**1. 打印机色带或墨盒**　当色带或墨盒使用一段时间后，打印报告的字符会不清楚或无法打印，这时就需更换色带。

**2. 冷灯**　因冷灯长期工作达到使用寿命时，必须更换新冷灯，更换时认清参数指标：医用冷灯、工作电压直流 12V、功率 20W。更换程序：正面面对仪器，更换前必须切断电源，拔下电源插头，然后打开仪器上盖，光源系统即露在左上方，取出灯碗和灯头，一只手握住灯座的瓷体，另一只手握住灯体，小心拔下冷灯。注意：用力要均匀，不要歪斜。将新的冷灯按相反程序装入仪器。

**3. 滤光器**　仪器标准配置已将滤光器装入光源系统内，如果需要其他波长的滤光器，可按以下步骤更换：打开上壳后，手旋转滤光器松螺钉，并将滤光器顶出；换上所需要的滤光器，拧螺钉。注意：两手指不要碰到滤光器玻璃，以免损坏镜片，影响测试精度。

**4. 保险管**　当用户需要更换熔断器中的保险管时，应先切断电源开关，拔下电源线，严格按熔断器座旁标记的保险管规格进行更换。

# 第二节　化学发光免疫分析仪

## 一、化学发光免疫分析仪概述

发光免疫分析（luminescence immunoassay）技术是利用化学发光现象，将发光分析和免疫反应相结合而建立起来的一种检测微量抗原或抗体的新型标记免疫分析技术。自从 Schroder 和 Halman 在 20 世纪 70 年代末期用化学发光免疫分析方法测定甲状腺素以来，发光免疫分析技术迅速发展。目前已从初期实验室的稀有技术过渡到临床免疫学检验中的常规检验手段。发光免疫分析既具有免疫反应的特异性，又具有发光分析的高敏感性，操作简便，易实现自动化，是一种很有发展前景的免疫分析方法。

### （一）化学发光免疫分析仪发展史

20 世纪 70 年代中期，Arakawe 首先报道应用发光信号进行酶免疫分析，由此，人们对化学发光技术的研究逐渐深入。1981 年，Pannagli 等建立化学发光免疫分析；1984 年，Whitehead 等首次在化学发光免疫分析中加入荧光素作为发光增强剂，提高了化学发光免疫分析的敏感性；20 世纪 80 年代中期，发现吖啶酯衍生物是理想的直接标记抗体或抗原的发光剂，有较高的闪光光信号。同时期研制出了以碱性磷酸为标记物的试剂盒，与之相匹配的有 Access 和 IMMULITE 全自动化学发光免疫分析系统，实现了化学发光免疫分析的完全自动化。发展至今已经成为一种全自动化的超微量活性物质检测技术。化学发光免疫分析主要具有灵敏度高、特异性强、试剂价格低廉、试剂稳定且有效期长、方法稳定快速、检测范围宽、操作简单且自动化程度高等优点，是目前发展和推广最快的免疫分析方法。

电化学发光免疫分析于 20 世纪 90 年代问世，随后相继出现了 Elecsys1010 全自动免疫分析仪、Elecsys2010 全自动免疫分析仪和 E601 免疫分析仪等多种免疫分析系统。它们是集电子发光技术、纳米微粒子技术、生物素 – 亲和素系统、抗原 – 抗体免疫反应、电磁场分离整合为一体的自动化标记免疫分析系统。多模块组合系统只需一台计算机主机控制，只有一个用户界面，因此可以大大节约人力成本。与此同时，因采用同一设备及同样标准、质控进行检测，保证了报告结果的一致性、准确性。

荧光物质的发展对荧光免疫分析技术的出现起了重要的推动作用。1942年，Coons等首次使用异硫氰酸荧光物质标记抗体，检测小鼠组织切片中的可溶性肺炎球菌多糖抗原；1958年，Riggs等合成异硫酸荧光素；1960年，Goldstein成功地纯化荧光抗体，很大程度上解决了非特异性染色的问题。1979年，芬兰学者Sonomi和Hemmila提出了时间分辨荧光免疫分析理论。1983年，由Petterson和Eskola首先将时间分辨荧光免疫分析应用于免疫分析的研究中。时间分辨荧光免疫分析利用镧系元素作为荧光探针试剂，使用聚羧基型螯合剂（EDTA、DTA等）标记抗原或抗体，利用时间分辨技术排除非特异性荧光，从而解决荧光免疫分析中高背景的问题。

20世纪60年代，Dandliker建立了均相荧光偏振免疫分析方法，并用该法详细研究了生物系统中抗原–抗体和激素–受体之间的作用。20世纪80年代初，Jolley等对时间分辨荧光免疫分析方法做了改进，并设计出自动分析仪，对80年代后期基于时间分辨荧光免疫分析原理的TDx系列荧光偏振光分析仪的推出起了重要作用。2000年，Baker等设计了双光路荧光偏振光分析仪，可以自动排除背景干扰，在对复杂生物样品进行测定时能获得更高的灵敏度和准确度。

### （二）化学发光免疫分析仪的分类

发光免疫分析是一种利用物质发光特征，即辐射光波长、发光的光子数，与产生辐射的物质分子的结构常数、构型、所处的环境、数量等密切相关，通过受激分子发射的光谱、发光衰减常数、发光方向等来判断该分子的属性及发光强度，来判断该物质的量的免疫分析技术。

根据标记物的不同，发光免疫分析可分为化学发光免疫分析、化学发光酶免疫分析、微粒子发光免疫分析、生物发光免疫分析和电化学发光免疫分析。根据发光反应检测方式的不同，发光免疫分析又可分为液相法、固相法和均相法。

**1. 化学发光酶免疫测定**　是采用化学发光剂作为酶反应底物的酶标记免疫测定。经过酶和发光两级放大，具有很高的灵敏度。以过氧化物酶为标记酶，以鲁米诺为发光底物，并加入发光增强剂以提高敏感度和发光稳定性。应用的标记酶也可以为碱性磷酸酶，发光底物dioxetane，为固相载体为磁性微粒。

**2. 直接化学发光免疫测定**　是指用化学发光剂直接标记抗原或抗体的一类免疫测定方法。吖啶酯是较为理想的发光底物，在碱性环境中即可被过氧化氢氧化而发光。用作标记的化学发光剂应符合以下几个条件。

（1）能参与化学发光反应。

（2）与抗原或抗体偶联后能形成稳定的结合物。

（3）偶联后仍保留高的量子效应和反应动力。

（4）应不改变或极少改变被标记物的理化特性，特别是免疫活性。

鲁米诺类和吖啶酯类发光剂等均是常用的标记发光剂。

**3. 微粒子化学发光免疫分析**　该免疫分析技术有两种方法：小分子抗原物质的测定采用竞争法，大分子的抗原物质测定采用双抗体夹心法。该仪器所用固相磁粉颗粒极微小，其直径仅1.0μm，这样大大增加了包被表面积，增加抗原或抗体的吸附量，使反应速度加快，也使清洗和分离更简便。其反应基本过程如下。

（1）竞争反应　用过量包被磁颗粒的抗体与待测的抗原和定量的标记吖啶酯抗原同时加入反应杯温育，其免疫反应的结合形式有两种：标记抗原与抗体结合成复合物，测定抗原与抗体结合成复合物。

（2）双抗体夹心法　标记抗体与待测抗原同时与包被抗体结合，即包被抗体－待测抗原－标记抗体的复合物。

**4. 电化学发光免疫测定（ECLI）**　是一种在电极表面由电化学引发的特异性发光反应，包括电化学和化学发光两个部分。分析中应用的标记物为电化学发光的底物三联吡啶钌或其衍生物 $N$－羟基琥珀酰胺酯，可通过化学反应与抗体或不同化学结构抗原分子结合，制成标记的抗体或抗原。ECLI 的测定模式与 ELISA 相似。其基本原理：发光底物二价的三联吡啶钌及反应参与物三丙胺在电极表面失去电子而被氧化；氧化的三丙胺失去一个 $H^+$ 而成为强还原剂，将氧化型的三价钌还原为激发态的二价钌，随即释放光子而恢复为基态的发光底物。这一过程在电极表面周而复始地进行，不断地发出光子而底物浓度保持恒定。

### （三）化学发光免疫分析仪的临床应用

**1. 甲状腺疾病相关免疫的检测和临床应用**　常规甲状腺功能血清学检查主要包括甲状腺激素、垂体激素和自身免疫指标的检查。前者包括总 $T_3$（$TT_3$）、总 $T_4$（$TT_4$）、游离 $T_3$（$FT_3$）、游离 $T_4$（$FT_4$）及其相关垂体促甲状腺素（TSH）、甲状腺摄取率（TU）及游离甲状腺素指数（$FT_4I$）；后者包括甲状腺球蛋白抗体（TgAb）、甲状腺过氧化酶抗体（TPO）或甲状腺微粒体抗体（TmAb）促甲状腺受体抗体（TRAb）等。

目前化学发光法的 TSH 测定技术均已采用高灵敏技术，即第二代或第三代技术，灵敏度为 0.1mIU/L 或 0.01mIU/L。高灵敏 TSH 测定技术能更好地协助临床早期发现甲状腺功能亢进或丘脑－垂体性甲低。高灵敏 TSH 测定技术也是甲状腺素水平低下患者服用甲状腺素效果评估的技术支持。

**2. 生殖内分泌激素的检测和临床应用**　化学发光免疫分析技术提供传统的生殖内分泌激素检测项目，包括促卵泡生成激素（FSH）、促黄体生成激素（LH）、孕激素（Prog）、催乳素（Prol）、睾酮（Test）及胎盘激素，包括滋养叶细胞分泌的人绒毛膜促性腺激素（$\beta$－hCG）、胎儿－胎盘单位共同生成的激素以及非联合雌三醇（UE3）。现代化检测技术不但提高了这些检测项目的灵敏度、特异性，还从速度上迎合了临床急诊检测的需要，在妇产科临床方面开拓了前所未有的应用前景。

**3. 心肌蛋白的检测和临床应用**　典型心绞痛和心肌梗死（AMI）患者，心肌供血不足，细胞受损破坏，细胞内容物渗出，进入血循环。血清（浆）肌酸激酶（CK）及其同工酶（CK－MB）作为上述病理改变的标记物，已被临床应用多年。心肌酶活性的测定需时不长，又较便宜，一般情况下尚能满足临床确诊 AMI、监测疗效和估计梗死范围等的需要。然而，在某种特殊情况下，上述标记物尚有明显不足之处，酶活性检测法的精确度不足，临床正常参考范围较宽，诊断敏感性不足以辅助确诊微小心肌梗死或轻微心肌细胞损伤。目前，化学发光法除提供心肌酶检测技术外，还提供临床应用价值更高的肌钙蛋白 I（cTnI）和肌红蛋白（MYO）检测技术。肌钙蛋白 1 对于不稳定性心绞痛、心力衰竭、烧伤、危重患者和体外循环诊断和预后评价等都有一定应用价值。而肌红蛋白可应用于诊断缺血性心肌损伤等。

**4. 贫血指标的检测和临床应用**　随着免疫学技术的发展，某些血液疾病可以依赖简单的免疫分析进行鉴别诊断及治疗随访。目前所有的化学发光免疫分析系统都提供铁蛋白、$B_{12}$ 血清及红细胞叶酸盐等鉴别贫血原因的免疫检测项目。铁蛋白是缺铁性贫血的敏感指标，临床上除用来作为诊断依据外，还应用于补铁治疗的随访。$B_{12}$ 及铁蛋白检测，在协助诊断白血病方面也有一定的临床应用价值。

## 二、化学发光免疫分析仪的基本原理

### （一）化学发光的基本原理

化学发光（chemiluminescence）是在化学反应过程中发出可见光的现象，通常是指某些化合物中的原子或电子不经过紫外光或可见光照射，通过吸收化学能（主要由氧化还原反应提供），从基态跃迁至激发态，当其回到基态（或将激发能转移至其他分子上）时，释放出能量产生光子从而引起的发光现象。化学发光反应可在气相、液相、固相反应体系中发生。化学发光免疫分析法（CLIA）的工作原理：将发光物质或酶标记在抗原或抗体上，免疫反应结束后，加入氧化剂或酶发光底物而发光，利用测量仪器测量发光强度，由计算机系统转换成被测物质的浓度单位。化学发光免疫分析法包括两个系统：化学发光系统和免疫反应系统。

### （二）化学发光反应的发光效率

化学发光反应的发光效率（$\varphi_{CL}$）又称化学发光反应量子产率，取决于生成激发态分子的化学激发效率（$\varphi_{CE}$）和激发态分子的发射效率（$\varphi_{EM}$），即：

$$\varphi_{CL} = 发射光子的分子数/参加反应的分子总数 = \varphi_{CE} \cdot \varphi_{EM}$$

化学发光反应的发光效率完全由发光物质的性质所决定，每一个发光反应都具有其特征性的化学发光光谱和不同的化学发光效率。发光效率越高，光信号检测越灵敏、越稳定。

### （三）常见发光剂

作为发光剂必须具备以下条件：发光是由发光物质的氧化反应所产生的，光量子产量高，发光物质的理化特性能满足分析设计的要求，在所使用的浓度范围内对生物体没有毒性。常见发光剂分以下几种。

**1. 酶促反应发光剂**　在发光免疫分析过程中，利用标记酶的催化作用，使发光剂发光，这一类需要酶催化后发光的发光剂称为酶促反应发光剂。目前常用的标记酶有辣根过氧化物酶（HRP）和碱性磷酸酶（ALP）。

**2. 直接化学发光剂**　在化学结构上有产生发光的特定基团，在化学发光免疫分析过程中不需要酶的催化作用，直接参与发光反应，可直接标记抗原或抗体，常用的有吖啶酯和三联吡啶钌 $\left[ Ru\,(hyp)_3^{2+} \right]$。

### （四）常用的标记技术

标记是指通过化学反应将一种分子共价偶联到另一种分子上，其原理与常规化学反应原理一样，参与偶联反应的两种物质分别被称为标记物和被标记物。化学标记要求被标记物保持自身原有特性（如免疫原性），且具有标记物的某些性质（如发光性质）。

按照标记反应的类型以及形成结合物的结构特点，可将标记反应分为直接偶联法和间接偶联法。

**1. 直接偶联法**　指标记物分子通过偶联反应直接连接在被标记物分子的反应基团上，如碳二亚胺缩合法、过碘酸盐氧化法、重氮盐偶联法等。

**2. 间接偶联法**　指在标记物分子和被标记物分子之间插入一条链或一个基团作为连接物，该连接物作为新引入的活性基团，不但能减弱标记物分子和被标记物分子结构中存在的空间位阻效应，还可增加反应活性，如戊二醛法。

## 三、化学发光免疫分析仪的基本结构

### （一）全自动化学发光免疫分析仪

**1. 主机部分**　是仪器的运行反应测定部分，包括原材料配备、液路、机械传动、光路检测、电路部分。

（1）原材料配备部分　包括反应杯、样品盘、试剂盘、纯净水、清洗液、废水在机器上的贮存和处理装置。

（2）液路部分　包括过滤器、密封圈、真空泵、管道、样品及试剂探针等。

（3）机械传动部分　包括传感器、运输轨道等。

（4）光路检测部分　包括光源、分光器件、光电倍增管。

（5）电路部分　包括电源和放大处理系统及线路控制板。

**2. 微机处理系统**　为仪器的关键部分，是指挥控制中心。其功能有程控操作、自动监测、指示判断、数据处理、故障诊断等，并配有光盘。主机还配有预留接口，可通过外部贮存器自动处理其他数据并遥控操作，用于实验室自动化延伸发展。

### （二）全自动微粒子化学发光免疫分析仪

**1. 样品处理系统**　包括传送舱和主探针系统，负责将标本、试剂、缓冲液加入反应管中。

**2. 实验运行系统**　即流体系统，由冲洗液、废液、底物泵及阀、真空泵、贮水罐、液体箱和探针冲洗塔组成。

**3. 中心供给和控制系统**　由反应管支架、反应管供给舱、恒温带和光电读取舱组成。它负责传送反应管，并且在传送过程中通过恒温带把反应管加热到一定温度，当恒温过程完成后，由光电识别装置把光信号转变为电信号。

**4. 微电脑控制系统**　由打印电路板、电源、硬盘驱动器、软盘驱动器、重启按钮和内锁开关组成。外周设备包括彩色监视器、打印机、键盘、外部条码识别笔、外部条码扫描器及连接臂，可对仪器进行相应指令操作和数据的读取并存档。

### （三）全自动电化学发光免疫分析仪

全自动电化学发光免疫分析仪主要由样品盘、试剂盒、温育反应盘、电化学检测系统及计算机控制系统组成，可分为三个单元模块。

**1. 控制单元**　就是一台完整的计算机，并配有支架及打印系统。

**2. 核心单元**　主要由条形码阅读器、标本舱位、标本架转盘、模块轨道等组成。

**3. 分析模块**　是检测系统的核心，主要包括预清洗区、测量区、系统试剂区、试剂区、耗品区。

## 四、化学发光免疫分析仪的性能指标

实验室根据预期用途、项目要求等，选购相应的自动化学发光免疫仪。仪器使用前应按照国家相关法规及行业规范对各项性能进行验证。各类发光免疫分析仪的主要性能指标及要求如下。

**1. 温度控制**　反应区温度控制的准确性设定值为 ±0.5℃，波动变不超过1℃。

**2. 仪器稳定性**　分析仪开机处于稳定的工作状态后4小时、8小时的测试结果与处于稳定工作状态初始时的测试结果的相对偏倚不超过 ±10%。

**3. 仪器重复性**　批内测试的重复性（$CV\%$）不大于8%。

**4. 线性相关性**　在不小于2个数量级的浓度范围内，线性相关系数 $r>0.99$。

**5. 携带污染率**　不大于 $10^{-5}$。

## 五、化学发光免疫分析仪的保养与维护

先进的设备需要正确的保养与维护知识才能确保仪器的正常运转。全自动化学发光免疫分析仪的保养与维护包括以下几方面。

**1. 每日保养与维护**　由选择运行一种清洁程序来完成，用来清洁样本、试剂和吸液探针。每天要

保持仪器外壳及实验台面干净整洁，避免灰尘吸入仪器。在做好常规日常保养之前，要检查系统温度状态、系统液路部分、系统耗材部分、废液瓶、打印纸等是否全部符合要求，再按保养程序进行管路清洗、添加各种试剂等。

**2. 每周保养与维护**　清洗探针，检查各感应点。每周保养后一定要做系统检测，确保系统检测数据在可控范围内。

**3. 每月保养与维护**　要保证系统能够持续正常地工作，应该在开始进行每日的工作前，执行月保养程序，检查样本、冲洗以及泵管连接情况，是否有管路打结或松脱，以及在管路连接处是否存在结晶或腐蚀现象，检查吸液和加液探针否有结晶残留物，检查废液抽屉有无渗漏，散装冲洗液和缓冲液容器外面是否存在液体，是否有液体溢出了一个或两个容器顶端，每月用专用小刷刷洗一次主探针、标本采样针、试剂针的内部，以除去污物，清刷后用生理盐水反复冲洗针内部，针外用酒精擦拭干净，同时按设定程序清洗各管路。

# 第三节　荧光免疫分析仪

## 一、荧光免疫分析仪概述

荧光免疫分析技术（fluorescent immunoassay，FIA）是将抗原抗体反应与荧光检测技术相结合而建立的一种标记免疫技术。FIA 是发展最早的标记免疫技术，1941 年，Coons 和 Kaplan 用荧光素和抗体结合来定位组织中的抗原，从而提出了 FIA 的概念。1958 年，Marshall 等对荧光素标记抗体的方法进行了改进，从而使荧光免疫分析技术逐渐推广使用。随后，荧光免疫分析技术不断完善，从荧光抗体技术发展到荧光免疫测定技术，从原来仅限于检测固定标本扩大到进行活细胞分类检测及多种细胞成分分析，FIA 已在临床检测和科学研究中广泛应用。FIA 具有特异性强、检测速度快、敏感性高等优点，但目前 FIA 技术程序相对复杂，还存在非特异性染色及背景荧光等问题尚未完全解决。

### （一）荧光免疫分析仪发展史

1926 年，Perein 首次描绘了偏振光现象。1979 年，芬兰的 Soini 和 Hemmila 首先报道将镧系金属离子标记物与时间分辨荧光测量相结合，建立了时间分辨荧光免疫分析技术，大大提高了荧光免疫分析技术的灵敏度和特异性，成为目前最灵敏的微量分析技术，并逐渐应用于临床检验领域。

### （二）荧光免疫分析仪的分类

荧光免疫分析法是以荧光物质为标记物的标记免疫分析技术，属于三大经典标记免疫分析技术之一。荧光免疫分析技术包括荧光抗体技术（又称为荧光免疫显微技术）和荧光免疫测定技术。

**1. 荧光抗体技术**　是用荧光标记的抗体对细胞、组织切片中的靶抗原进行定性鉴定或定位检测，这是经典的荧光免疫分析技术，所应用的测定仪器为荧光显微镜。

**2. 荧光免疫测定技术**　是在荧光抗体技术的基础上发展起来的，该技术是将抗原－抗体反应与荧光物质发光分析相结合，用荧光检测仪检测抗原抗体复合物中特异性荧光强度，对液体标本中微量或超微量物质进行定量测定。荧光免疫测定与酶免疫测定一样，根据抗原抗体反应后是否需要分离结合的与游离的荧光标志物，而分为均相和异相两种类型。

（1）均相荧光免疫测定　包括荧光偏振免疫测定和底物标记荧光免疫测定等。

（2）异相荧光免疫测定　包括时间分辨荧光免疫测定和荧光酶免疫测定，其中以时间分辨荧光免疫测定最具代表性。时间分辨荧光免疫测定的原理和荧光免疫分析原理基本相同，只是标记物和信号测量方法不同。该技术是在荧光免疫分析的基础上，用荧光寿命较长（1～2毫秒）的稀土金属作为标志物来标记抗体或抗原，用时间分辨测定方法测量荧光强度，根据荧光强度或相对荧光强度比值来检测标本中相应抗原或抗体的浓度。时间分辨荧光免疫测定具有灵敏度高、特异性强、分析速度快、标志物制备简单、稀土金属发光稳定、荧光寿命长、不受样本自然荧光干扰、无放射性污染等特点，是很有发展前途的超微量物质免疫分析技术。

### （三）荧光免疫分析仪的临床应用

自动 FIA 技术（尤其是 TRFIA）优点突出，发展迅速，随着新的仪器、试剂和方法不断出现，应用范围日益扩大和普遍，目前已有 30 多种相关的试剂盒和成套的仪器、试剂面市，成为一种很有发展潜力的自动免疫分析技术。我国在相关的仪器、试剂和方法、技术等方面的应用研究已取得较大进展，现针对其中两种主要技术——FPIA 和 TRFLA 的临床应用情况做一介绍。

**1. FPIA 法检测苯巴比妥**　苯巴比妥为一种抗癫痫类的神经系统药物，当其在体内达到稳定状态时，血清中苯巴比妥浓度与脑脊液中的浓度有较好的相关性，而且由于在药物吸收、代谢、疾病状态等方面存在较大的个体差异，服用相同剂量苯巴比妥的患者，其血清中的药物浓度也有较大差异，因此，为了最有效地发挥苯巴比妥的抗癫痫作用，减少药物中毒的发生，有必要对其进行血药浓度的监测。

**2. TRFIA 法检测血清胰岛素水平**　TRFLA 检测灵敏度很高，分析动态范围较宽，检测的速度也较快。其中部分项目的检测把多克隆抗体作为固相包被抗体，把单克隆抗体作为标记抗体，实现"夹心"的反应模式，如乙肝表面抗原（HBsAg）的检测，有的学者就采用这种方式；有的项目，特别是肽类激素如人绒毛膜性腺激素（hCG）、促黄体生成素（LH）、促卵泡生成素（FSH）、促甲状腺素（TSH）、甲胎蛋白（AFP）和胰岛素等，将针对抗原分子上不同决定簇的两种特异性单克隆抗体分别作为固相包被和标记抗体，实现"夹心"分析，这称为"双位点夹心法"。这种方法灵敏度高、特异性强，可加入过量的标记抗体，从而延长标准曲线的线性，而且经充分洗涤可去掉非特异结合的本底荧光。

除了以上介绍的人胰岛素的测定外，TRFIA 还可用于包括蛋白质、激素、药物、肿瘤标志物、病毒抗原以及 DNA 的杂交等方面的测定。

## 二、荧光免疫分析仪的基本原理

荧光免疫分析是将免疫反应的特异性与荧光技术的灵敏度相结合的一种免疫分析方法。其原理是将特异性抗体标记上荧光素，使其与相应抗原结合后，在荧光仪中测定荧光现象或强度，从而判断抗原的存在或含量。已广泛用于各种蛋白质、激素、药物及微生物的测定，是临床免疫学研究的重要手段。

### （一）时间分辨荧光免疫分析仪

用镧系三价稀土离子（如 $Eu^{3+}$）及其螯合物作为示踪物，标记抗原、抗体、核酸探针等物质，当免疫反应发生后，根据稀土离子螯合物荧光光谱的特点（特异性强、Stokes 位移大、荧光寿命长）延迟测量时间，排除标本中非特异性荧光的干扰，所得信号完全是稀土元素螯合物发射的特异荧光的信号。测定免疫反应最后产物的特异性荧光信号，根据荧光强度判断反应体系中待测物质的浓度，从而达到定量分析的目的。这种技术称为时间分辨荧光免疫分析（TRFIA）法。

生物标本中一些蛋白质、氨基酸、维生素、药物等，能在紫外光的激发下产生荧光，这些不同波长的非特异性荧光寿命很短，以纳秒（ns）计时。非特异荧光会降低荧光免疫分析的灵敏度与特异性。镧系金属离子如铕（$Eu^{3+}$）、钐（$Sm^{3+}$）、铽（$Tb^{3+}$）、镝（$Dy^{3+}$）等，发射的荧光寿命可达 10～900 微秒。将镧系金属离子作为标记物进行荧光免疫分析，采用脉冲光源（每秒闪烁1000次以上的氙灯），照射样品溶液后即短暂熄灭，待反应体系中血清、溶剂及其他成分的短寿命荧光完全衰减后，电子设备控制延缓时间，测量体系中镧系金属离子的特异性长寿命荧光强度，可以有效减少样品的本底干扰。此外，镧系金属离子荧光的Stokes位移大，如$Eu^{3+}$的激发光与荧光的波长转变达280nm，荧光检测时易于消除杂散光的影响，提高分辨率。

被镧系金属元素标记的抗原或抗体与标本中相应抗体或抗原生成的复合物，在弱碱性反应液中的荧光信号较弱，因此加入一种酸性增强剂，在低pH条件下时使$Eu^{3+}$从复合物上解离下来。自由的$Eu^{3+}$与增强剂（$\beta$-二酮、TritonX100等）形成新型胶状螯合物。这种胶状螯合物在紫外光的激发下能发出很强的荧光，使信号增强百万倍，显著提高了检测的灵敏度。这是目前在TRFIA中应用最多的一种解离增强技术，构建了成熟的解离-增强-镧系荧光免疫分析系统。

全自动时间分辨荧光免疫分析仪灵敏度高、测量范围广、标记物稳定、标准曲线范围宽，同时可实现多标记物检测，克服了酶标记物的不稳定、化学发光仅能一次发光且易受环境干扰和电化学发光的非直接标记的缺点，成为现代临床微量分析、基础医学研究中最有发展前景的技术手段。

### （二）荧光偏振免疫分析仪

荧光物质经单一平面偏振光蓝光（波长为485nm）照射后，可吸收光能跃入激发态，在恢复至基态时，释放能量并发出单平面的偏振荧光（波长为525nm）。偏振荧光的强度与荧光物质受激发时分子转动的速度成反比。分子物质旋转慢，发出的偏振荧光强；小分子物质旋转快，其偏振荧光弱。利用这一现象建立了荧光偏振免疫分析技术（fluorescence polarization immunoassay，FPIA），用于小分子物质特别是药物的测定。图7-3是荧光偏振仪的光学原理。

荧光偏振免疫分析技术的试剂为荧光素标记的药物和抗药物的抗体，模式为均相竞争法，标本的药物、荧光标记的药物与一定量的抗体竞争性结合。反应平衡后，与抗体结合的荧光标记药物和标本中药物浓度的量成反比。由于抗体的分子量远大于药物的分子量，游离的荧光标记药物和抗体的荧光标记药物所产生的偏振荧光强度相差甚远，因此测定的偏振荧光强度与标本中药的浓度成反比。根据荧光偏振程度与抗原浓度成反比的关系，以抗原浓度为横坐标、荧光偏振强度为纵坐标，绘制竞争性结合抑制标准曲线。通过测定的偏振光强度大小，从标准曲线上就可精确换算出样品中待测抗原的相应含量。

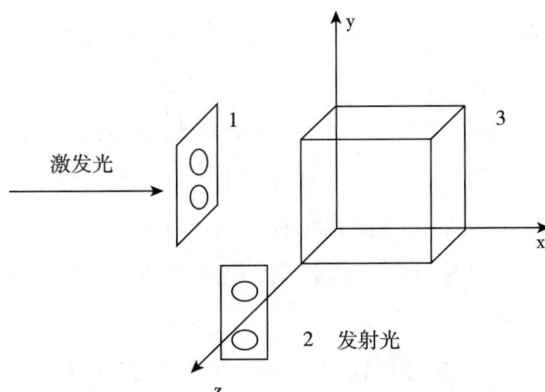

**图7-3　荧光偏振仪的光学原理**
1. 起偏器；2. 检偏器；3. 样本

与其他免疫分析技术相比，荧光偏振免疫分析具有以下优点。

（1）均相测定简便，易于快速、自动化进样。

（2）荧光标记试剂稳定、有效期长，并使测定的标准化结果可靠。

（3）可用空白校正除去标本内源性荧光的干扰，获得准确的结果。

荧光偏振免疫测定通常不适合大分子物质的测定，与非均相荧光免疫分析方法比，其灵敏度稍低一些。为提高荧光偏振免疫测定的灵敏度，可将相对大量的标本进行预处理以去除干扰成分。

## 三、荧光免疫分析仪的基本结构

### （一）时间分辨荧光免疫分析仪

时间分辨荧光免疫分析仪由样本处理器和微孔板处理器组成。

**1. 样本处理器**  包括样本传送装置、加样针和注射器、移液臂、稀释板条、样本架、质控品架、蠕动泵、探针清洗站等。与全自动酶免分析系统的加样器类似，它具有样本自动分配功能。通过加样针从有条形码标记的样本管或其他试管内吸取等量样本，将其移液到微孔板上。

（1）样本架  常用的样本架一般可以安放 12 个样本试管，装载 36 个样本架，其最大容量为 432 份样本。若使用质控品架，则可容纳 35 个样本架。检测样本数目较大时，需要使用附加装载功能。

（2）质控品架  位于传送带前后通道之间的中心区域。系统探测到质控品架后，通过操作指令提示，从传送带上抬起质控品架并将其放入支架中。支架要按固定方向放置质控品架，即应看到试管的条形码。

（3）样本架传送带  通过传送带可以引导样本架水平移动。传送带由一个前方和一个后方传送通道、取样通道和终端传送通道组成。

（4）条形码扫描器  可以用来读取样本管和样本架的条形码信息。

（5）稀释  稀释样本时，稀释槽支架中最多可放置三个小稀释槽或一个大稀释槽。

（6）探针  取样探针涂有聚对二甲苯，可以减少携带的污染物，降低对冲洗的需求。探针每次移液操作后必须进行冲洗，冲洗时探针同时进入探针冲洗站，在蠕动泵作用下，清洗液对探针内外壁进行清洗，可以有效地降低携带污染。另外，每个探针都有电容性液面探测器，能检测液面并控制探针浸入液面的深度。

（7）标准品  装载于单独的托盘内，取下标准品的瓶盖，按指定位置将标准品放置在托盘上。标准品托盘位于封闭的柜筒内，柜筒冷藏温度为 15℃。需要时，带孔的标准品柜筒盖会自动打开，探针可以吸取标准品。

**2. 微孔板处理器**  主要包括微孔板装载/卸载装置、微孔板传送装置、微孔板洗涤装置、增强液加样器、试剂架及加样装置、条形码扫描器、微孔板振荡器/孵育器等。微孔板处理器能同时执行多种不同的任务，在一块微孔板执行样本添加或测量的同时，另一块微孔板可以进行试剂添加、洗涤、增强液移液、示踪剂稀释等操作。处理器总是处于工作状态，这样就可以按照分析物各自的操作方案同时对其进行处理。处理器的整体温度控制在 25℃。

（1）微孔板的装载与卸载  微孔板的装载与卸载位在微孔板处理器的末端，并嵌入样本处理器中，处于移液臂上的探针可以接触的位置。安装微孔板时，使板条靠近微孔板处理器。按下进/出按键，微孔板会进入微孔板处理器；再一次按动进/出按键，可卸载微孔板。

（2）微孔板传送带  当全部的微孔板装载完毕且操作开始时，传送带会把每一块微孔板依次送到不同组件进行相应的处理。如果需加样本液，微孔板被送到加样位，样本处理器进行样本移液。

（3）洗涤设备  为双排清洗系统，可同时清洗 24 个板孔。洗涤瓶内产生的压力可以使液体经管路达到洗涤器并进入板孔进行冲洗，洗涤液的流量由电磁阀控制，使用后洗涤液在负压状态下从板孔中被吸入废液瓶。洗涤时，抽吸是连续进行的，以防止微孔板满溢。洗板机可自行冲洗，当一块微孔板的清洗过程结束，尚无其他微孔板待洗时，洗板机会自动使用去离子水冲洗双排洗涤器，以避免洗涤液结晶及可能造成的针管阻塞。冲洗瓶、废液瓶和洗涤瓶的规格足以保证 12 块微孔板在无须监控的情况下运行。

（4）增强液加样器　属于正位移类型加样器，带有高精度活塞。增强液来自微孔板处理器内两个串联使用的增强液瓶，增强液始终自动从右手瓶转到左手瓶中，从左手瓶中加样到微孔板内，两个瓶子可以为 12 个微孔板进行加样。为一块微孔板中的 96 个微孔加样大约需要 2 分钟。增强液使用单独的管路，可以避免污染。

（5）试剂瓶盒　有一板装和四板装两种规格，含有测试所需的示踪剂、抗血清/抗体、标准品系列以及缓冲液，盒上有信息条形码标签。

（6）试剂架　装有试剂瓶盒、试剂加样吸头、稀释杯以及用于检查试剂架是否装载正确的测试盖，一般的试剂架中可以放置 8 个不同规格的试剂瓶盒。

装载试剂架时，应打开微孔板处理器盖板，取出试剂架，安装试剂加样吸头、试剂瓶盒以及稀释杯，将其放置在试剂架传送带上，留意试剂架底部的沟槽，将试剂架置于微孔板处理器上时，该沟槽应嵌入在传送通道的滑轮上。

（7）试剂加样器　两个试剂加样器并行工作。加样器属于空气置换型移液器，使用一次性吸头。示踪剂和抗血清/抗体的稀释，以及向微孔板中加入已稀释的示踪剂或缓冲液的操作过程，都是由同一个试剂加样器完成的。使用前，加样器按需求进行稀释，然后向微孔板中注入已稀释的试剂，每加一种新试剂时，都会从试剂架的吸头储存区取一个新吸头换上，用过的吸头丢入微孔板传送带后面的废物盘，吸头丢入废物盘时，盘体会振荡，以防吸头堆积。加样器有一个用于探测液面的多功能传感器，可以检查是否加入了正确液体及确保吸头取放正确。

（8）废液泵　为防止废液瓶过满溢出，可以将废液泵与废液瓶连接到一起。在运行期间废液泵自动进行，以保持样本处理器废液瓶中的液面处于低水平。

### （二）荧光偏振免疫分析仪

荧光偏振免疫分析是通过一偏振光蓝光照射后，测量产生振荧光的强度而建立的，故需在仪器的光学部分加上起偏器和检偏器。对于随机式持续通道的免疫测定分析仪，一般采用三种不同的测定技术，即微粒子酶免疫分析法、荧光偏振免疫分析法和发射能量衰减法。

其结构主要分四大区域：取样中心、测试中心、排废及供液中心和系统控制中心。

**1. 取样中心**　包括 3 个圆盘，该部分的主要功能为装载样品、试剂、定标液、质控液和反应试管，负责将所需的样品和试剂加入反应管，反应管被传送至温控的测试中心。

**2. 测试中心**　包括 2 个圆盘和其他辅助元件，主要功能为混合和传输样品、试剂和 BULK 溶液、孵育、光学测试。

**3. 排废和供液中心**　储存和传导 BULK 液，收集和储存在测试过程中产生的废液和各种消耗品废弃物。

**4. 系统控制中心**　由彩色触摸屏监控器、键盘、打印机、磁盘驱动器、条形码读入器和接口部分组成。其作用是登记和复查患者信息和顺序，输入校准液和控制指令，复查结果和质量控制数据，系统维护，建立系统配置。

荧光偏振免疫分析仪的光学装置，测量反应中比色皿产生偏振光的变化。从钨卤素灯产生的光直接穿过感光滤光片，它允许485nm的蓝光通过。光线穿过液晶偏振器后产生一束单平面的蓝光。偏振蓝光通过比色皿，偏振光反射90°，经偏光镜后被测量。

### 四、荧光免疫分析仪的保养与维护

时间分辨荧光免疫分析仪的使用注意事项、保养与维护如下。

#### （一）使用注意事项

（1）自然界中稀土离子广泛存在，如空气、烟雾中均有不同的含量，因此应确保实验室无尘，防止器材、试剂等被污染。

（2）受标记方法、抗体浓度、稀土元素和螯合物质量等的影响，每批次标记物质量都有一定的差异，因此不同批号的试剂敏感性不一，不能混用，且每次测定都需要制作标准曲线。

（3）时间分辨荧光免疫分析易受测量体系pH、温度、时间等因素的影响，因此应严格控制测量条件。

#### （二）保养与维护

**1. 每日保养与维护**　在检测项目前或完成项目测试后进行，主要包括清洁仪器外壳，倾倒实验废弃物，倒空废液桶，冲洗管路等。

**2. 每周保养与维护**　每周一次，进行较为全面的维护检查，包括清洗废液桶，检测仪器性能，清洗试剂管路、底物管路等。

必要时，请专业工程师进行光路等重要部件的检查。

## 第四节　免疫比浊分析仪

### 一、免疫比浊分析仪概述

免疫比浊分析仪，是指利用免疫学反应特性以免疫比浊法为设计原理的，检测血清、尿液和脑脊液等体液中特定蛋白质含量的仪器，也称为免疫浊度仪或免疫特定蛋白分析仪。近几十年来，随着免疫学技术的飞速发展，免疫比浊分析仪的自动化程度不断提高，其临床应用价值、需要程度不断增加。

#### （一）免疫比浊分析仪发展史

免疫比浊分析仪的检测原理基本上利用免疫比浊法。比浊检测本身历史悠久，由于特定蛋白的检测需要应用抗原、抗体反应的特异性才能达到，而比浊法在酶标技术产生前是免疫技术的基本检测手段之一。因此出现了专门为比浊测定生产的仪器。免疫比浊技术与免疫比浊分析仪是一脉相承的。免疫比浊技术的发展与完善带动了免疫比浊分析仪的研发，免疫比浊分析仪自动化程度的提高又推进了免疫比浊技术的进步。

Sehultze 和 Sehwiek 于 1959 年报告了透射比浊法。这种方法利用抗原抗体结合后形成免疫复合物使溶液浊度改变，这一现象使用普通比浊计测定免疫球蛋白的含量。1967 年，Ritchie 提出了终点散射比浊法，此法与透射比浊法相比，具有灵敏度高、重复性好、测定范围宽等特点，但该法测定时间较长，易受反应本底的干扰。之后在终点散射比浊法的基础上进行改进，推出了定时散射比浊法。该方法的基本原理与终点散射比浊法相似，测定也是抗原、抗体反应的第二阶段，但在测定散射信号时不与反应开始同步，而是推迟几秒钟，用以扣除抗原－抗体反应的不稳定阶段，从而将这种误差影响降至最低。同时测定时间由数十小时缩短为数小时，刷新了以往蛋白免疫分析的纪录。1977 年，Sternberg 等提出了速率散射比浊法，该检测法可测抗原－抗体结合反应的第一阶段，即在尚未出现肉眼可见的反应阶段就能够进行快速检测，使免疫化学分析发生了质的飞跃。近年来，在免疫比浊法的基础上又出现了乳胶增强比浊法。该方法是利用微小的乳胶颗粒连接抗体后，在液相中和相应抗原结合后产生光吸收或光散射的变化等来测定抗原含量，增强了免疫比浊法检测特定蛋白的性能，其灵敏度大大提高，同时受非特异性反应的影响也极大减少，因而精确度和重复性皆较好，目前此项技术被应用于不同类型的免疫比浊分析仪中。短短几十年，以各种技术为原理的免疫比浊分析仪竞相问世。

美国 Beckman－Couler 公司根据速率散射比浊法的原理制成了第一代免疫化学分析系统，用计算机程序分析处理抗原、抗体反应的动态数据，直接显示待测抗原的浓度电位。1982 年更新为 Auto－ICS。1985 年和 1989 年，分别研发了 Array 和 Array360 蛋白分析系统，后又发展为附有条形码扫描装置的 Array 360CE 蛋白分析系统。之后又推出了 IMMAGE 及 IMMAGE 800 全自动双光径免疫浊度分析仪。

由于蛋白检测技术的发展和临床应用范围的扩大，免疫比浊分析仪成为近年来国内实验室常购的临床检验设备。采用散射比浊原理设计的仪器基本上都是全自动分析仪，各制造厂家在检测灵敏度、速度、准确性和检测菜单方面一直在不断地改进及创新，以满足临床的需要。在我国应用较为普遍的散射比浊仪，主要有终点、定时散射分析仪类、速率散射分析仪类。而透射比浊仪主要用于生化分析仪上的蛋白测定，用于免疫测定的已日渐减少。此外，还有一些专用的免疫比浊分析仪也都广泛地应用于临床，为患者提供不同需求的服务。技术的进步、临床需求的扩大是免疫比浊分析仪更新换代的原动力。速率测定和胶乳粒子增敏技术是免疫比浊分析的发展方向，临床实验室亟需可整合生化免疫于一体的全自动化一体机，与医院实验室信息管理系统一同构成安全的实验一体化解决方案，这是免疫比浊分析仪发展的必然趋势。

### （二）免疫比浊分析仪的分类

根据检测器的位置及其接收光信号的性质，免疫比浊分析可分为透射免疫比浊法和散射免疫比浊法。

**1. 透射免疫比浊法**　是在出射角为 0°，即与入射光平行的方向上测定透射光强度和被测溶液中微粒浓度的关系，可用分光光度计及比色计进行测定。

**2. 散射免疫比浊法**　是在出射角为 5°~96°的方向上测量散射光强度和被测溶液中微粒浓度的关系，需要专用的浊度计测定。散射免疫比浊法根据抗原抗体反应的时间和反应结合的动力学，又可分为终点散射比浊法和速率散射比浊法。

（1）终点散射比浊法　是将抗原抗体混合后，待其反应趋于平稳直到反应结束时再测定结果，其反应的时间与温度、溶液离子 pH 等有关。

（2）速率散射比浊法　是在抗原与抗体反应过程中，抗原抗体结合的速率达到最高峰时测定其复合物形成的量，其峰值的高低与抗原的量成正比。

透射免疫比浊法操作简便、结果准确，常用于生化指标的测定，但抗体用量较大，耗时较长，且灵敏度比散射免疫比浊法低，该方法目前在免疫测定上的使用已日趋减少。散射免疫比浊法是目前临床应用较多的一种方法，该方法自动化程度高，具有快速、灵敏、准确、精密等优点，但仪器和试剂价格比较贵，对抗体的质量要求很高。

### （三）免疫比浊分析仪的临床应用

在体液蛋白质检测方面，免疫比浊分析仪的特异性、敏感性都符合临床检测的要求，检测范围较宽，是目前推荐检测体液中特定蛋白的首选，用于临床多种疾病的诊断。

**1. 免疫功能的检测**  免疫球蛋白（IgA、IgG、IgM）、补体（C3、C4）和 C1 抑制物等。

**2. 肾脏功能检测**  尿微量蛋白（白蛋白、$\alpha_1$ - 微球蛋白、转铁蛋白、$\beta_2$ - 微球蛋白、$\alpha_2$ - 巨球蛋白）、免疫蛋白组成分以及血清胱抑素 c 等。

**3. 心血管疾病检测**  载脂蛋白、肌红蛋白和 CRP 等。

**4. 感染性疾病检测**  血液中多种急性时相反应蛋白，如 CRP、纤维蛋白原、$\alpha_1$ - 酸性糖蛋白、$\alpha_1$ - 抗胰蛋白酶、触珠蛋白、铜蓝蛋白、淀粉样蛋白 C 等。

**5. 贫血疾病检测**  触珠蛋白、血红蛋白、转铁蛋白、铁蛋白、可溶性转铁蛋白受体。

## 二、免疫比浊分析仪的基本原理

### （一）免疫透射浊度测定法

免疫透射浊度测定原理是抗原、抗体在特殊缓冲液中快速形成复合物，使反应溶液出现浊度，导致入射光在比色器光径中的穿透率下降，其光量减少的程度与复合物的含量成正比。使用比浊仪测定，与已知浓度的标准参考品抗原相比较，可计算出标本中的抗原含量。

本法所需抗体应选用纯化的高效价、高亲和力的 R 型（兔、鼠、羊等）抗血清，因其亲和力强，抗原或抗体过量均不致引起免疫复合物的再离解。此外，必须不含任何干扰粒子，可经高速离心去除血脂，或经超滤膜过滤去除其他可能干扰的物质。标准参考品一般采用相应的国际参考品（世界卫生组织或美国疾病控制中心）或经准确标化的标准参考品，如入血清 IgG、IgA、IgM、AFP 等。透射比浊是依据透射光减弱的原理来定量的，因此只能测定抗原抗体反应的第二阶段，检测仍需抗原抗体温育反应时间，检测时间较长。大多数的生化分析仪应用此类技术。

### （二）散射免疫比浊法

**1. 终点散射比浊法**  是观察抗原和抗体反应达到平衡时，即免疫复合物形成的量不再增加，反应体系的浊度不再变化，测定此时的溶液浊度。一般这个过程需要几十分钟，复合物的浓度不再受时间变化的影响，但不能出现絮状沉淀影响浊度的判断。

本法反应时间与温度、溶液中离子及 pH 等有关，一般需 30 ~ 120 分钟，而且随着时间延长，抗原抗体复合物再次相互聚合形成大颗粒沉淀，导致散射值降低，而得出偏低的结果，故需掌握好最佳时间比浊。另外，当样本内抗原含量较低时，由于本底（空白管）的散射较高而使敏感性不够。

**2. 定时散射比浊**  由终点散射比浊法改进而成，是免疫沉淀反应和散射比浊分析结合的技术。该方法的基本原理：由于免疫沉淀反应是在抗原抗体相遇后立即开始，在极短的时间内反应介质中散射信号变动很大，如此时计算峰值信号所获得的结果会产生一定误差，因此在测定散射信号时不与反应开始同步，而是推迟几秒钟用以扣除抗原抗体反应的不稳定阶段，从而将这种误差影响降至最低。

反应分两个阶段，预反应阶段和反应阶段，反应时保证抗原不过量，确保反应体系抗体过量，并且对抗原过量进行阈值限定。在抗原抗体反应时，得出预反应时间，即散射光信号第一次读数在样品和抗体于反应缓冲液中开始反应 7.5 秒至 2 分钟内，大多数情况下 2 分钟以后测第二次读数，并从第二次测信号值扣除第一次读数信号值，从而获得待测抗原的信号值，并通过仪器处理转换为待测抗原浓度。

该原理采用抗体过量来保证抗原抗体反应中形成不可溶性小分子颗粒，获得小颗粒产生的散射光信号最强。

**3. 速率散射比浊法** 是一种抗原、抗体结合的动力学测定方法。所谓速率，是在单位时间内抗原抗体结合形成复合物的速度。抗原、抗体结合速率最大的某一时刻称为速率峰，当反应体系的抗体过量时，速率峰的高低与抗原含量成正比，这种通过测定速率峰来测定待测物质的方法就是速率检测法。它是抗原抗体结合反应的一种动态测定法，适时检测抗原抗体复合物形成的散射光信号。本法具有速度快、敏感性高、精确度高、稳定性好等优点，是当今免疫化学分析中比较先进的方法。将各单位时间内形成复合物的速率及测定的散射信号连接在一起，即动态的速率比浊分析。

速率法是测定最大反应速率，也就是抗原抗体反应达到最高峰时形成免疫复合物的量。一般这个时间是 20~25 秒，峰值的高低与待测物质（抗原）的量成正比，而形成峰值的时间与抗体（试剂）浓度和其与抗原的亲和力有关。当仪器测定到某一时间内形成速率下降时，即出现速率峰，该峰值的高低，即代表所测抗原的量。峰值一般出现于反应开始后 10~45 秒，因此除可改善测定结果准确度外，又加快了检测速度。在反应介质中加入一定量的促凝剂，可加速抗原抗体复合物的形成，以减少反应时间。速率法的优点是快速、不需要减去样本和试剂本底读数，校正结果也较稳定。

**4. 粒子强化免疫浊度测定法** 基本原理是选择一种大小适中、均匀一致的胶乳颗粒，吸附或交联抗体后，当遇到相应抗原时，则发生聚集。单个胶乳颗粒在入射光波长之内，光线可透过。当两个胶乳颗粒凝聚时，则使透过光减少，这种减少的程度与胶乳凝集成正比，当然也与抗原量成正比。

散射比浊法和透射比浊法的区别如图 7-4 所示。

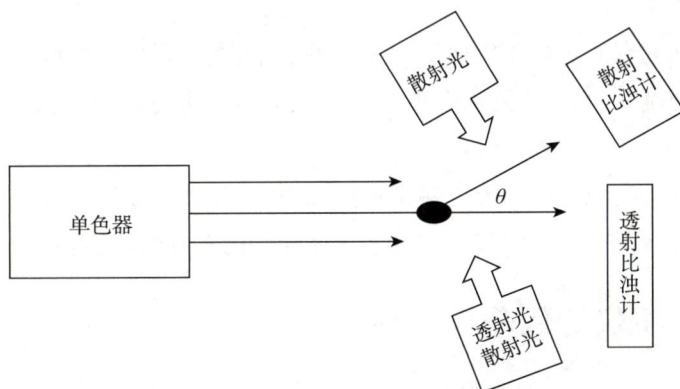

**图 7-4 散射比浊和透射比浊的区别示意图**

从抗血清提纯特异的免疫球蛋白（IgG）后，经吸附或共价交联反应固定于胶乳表面，作为主要的试剂。改变胶乳的原材料可改变其折光率，又因它有一定粒径，可增强正向散射光强度等原因，可使浊度法灵敏度达到 ng/ml 或 pg/ml 水平。

## 三、免疫比浊分析仪的基本结构

全自动散射法免疫浊度测定系统主要由分析仪、计算机（主机、CRT 显示屏和键盘，用于数据输入和程序运行的操作，并可在显示屏上显示出来）、打印机三部分组成。

分析仪是该系统的主要部分，一般包括散射测浊仪、加液系统、试剂转盘、样品转盘、卡片阅读器以及软盘驱动器等。

**1. 散射测浊仪**　光源可采用双光源碘化硅晶灯泡（400~620nm）等。自动温度控制装置可将仪器温度恒定在（26±1）℃。化学反应在一次性流式塑料杯中进行，由固体硅探头监测反应过程。

**2. 加液系统**　包括自动稀释加液器，具有稀释标本、将标本和试剂加到流动式反应杯中的功能。另外，还有标本、抗体智能探针，具有液体感知装置，控制加液体积的准确性。在运行过程中探针如果发现标本量不足，即可中止该标本的检测，并报告"标本体积不足"的结果。如果抗体或标记结合物量不足，即可取消需要该试剂进行检测的所有项目，并鸣铃提示，结果报告为"抗体体积不足"或"标记结合物体积不足"。

**3. 试剂和样品转盘**　试剂转盘可放置各种不同的化学试剂，或各种不同的抗体（包括抗原过剩试剂）。样品转盘则放置待测标本和质控液。

**4. 分析仪上阅读器**　卡片阅读器可读取卡片内贮存的对某一测定项目有用的参数，包括检测项目的名称、批号、标准曲线信息和所需的稀释倍数等。这些参数值随检测项目和批号的不同而不同。因此，每批抗体试剂和标准血清都会附有新的卡片。软盘驱动器阅读软盘中的操作指令，如数据输入、仪器功能运行等。

## 四、免疫比浊分析仪的性能指标

特种蛋白分析仪通常采用激光散射比浊原理，测定单个样本中的特定蛋白含量。操作简便，无须做定标曲线，仪器能自动做空白对照。

**1. 精密度**　分批内精密度和批间精密度。采用两种不同浓度的物质进行3次批内、批间测试，每次测定重复10次，求出其平均变异系数。

**2. 准确度**　采用仪器配套的定值质控血清，重复测定20次，评价仪器测定的准确度。

**3. 线性范围**　精确配制5~8个系列浓度的定值参比血清，平行测定8次，进行统计学分析以评价其线性范围。

**4. 测定速度**　根据其检测项目的不同，测定速度在20~90个/小时。

**5. 检测标本类型**　可检测血清、尿液、脑脊液等体液中的多种特定蛋白。

## 五、免疫比浊分析仪的保养与维护

良好的保养习惯可以有效延长机器的使用寿命，并尽可能减少故障的发生。检验工作者应严格按照操作手册定期对仪器做以下保养与维护。

**1. 每日保养与维护**　每次开机之前应先检查注射器，稀释液、缓冲液及抗体试剂中液体的体积，废液桶中的废液是否已经装满，并及时处理。在检测标本之前必须对所有光路进行光路校正。做完试验需要关机时，要冲洗所有管道，以防止血液中的蛋白成分沉积，或者缓冲液中的化学成分对管路造成损坏。但如果免疫浊度分析仪在处于24小时连续开机状态下，仪器间隔数小时会自动冲洗管道以保障管道的通畅，操作者不必再自行冲洗。

**2. 每周保养与维护**　每周更换流动比色杯和小磁棒，并用纱布蘸10%漂白溶液清洁探针的外部，每周需要将蠕动泵上的橡皮管卸下并将钳制阀杠杆抬起，将上面的塑料管道取下，用手将其恢复原状，或左右稍微变化位置后再一一对应管道序号，放回相应的位置，这样做可有效地避免管道长期受压后出现阻塞现象。

**3. 每月保养与维护**　每一个月更换一次反应杯，每两个月更换注射器插杆顶端，以保证注射器的密封性；同时取下空气过滤网并用清水冲洗，再用细针疏通标本探针和抗体探针的内部。每半年需更换钳制阀上管道和泵周管道，并给机械传动部分的螺丝上润滑油。

# 目标检测

答案解析

## 一、单选题

1. 免疫测定是指利用（ ）特异性结合反应的特点来检测样本中微量物质的方法。

    A. 抗原和抗体                B. 蛋白质和细胞因子

    C. 微生物和酶                D. 细胞因子和免疫球蛋白

2. 电化学发光免疫分析中，电化学反应进行于（ ）。

    A. 液相中          B. 固相中         C. 电极表面上       D. 气相中

3. 免疫比浊分析仪根据检测器位置及其接收光信号的性质，可以分为（ ）。

    A. 透射免疫比浊法和散射免疫比浊法      B. 透射免疫比浊法和反射免疫比浊法

    C. 散射免疫比浊和吸收免疫比浊法        D. 散射免疫比浊法和反射免疫比浊法

## 二、多选题

1. 酶免疫分析仪根据其功能的不同，可以分为（ ）。

    A. 光吸收酶标仪               B. 荧光酶标仪

    C. 化学发光酶标仪             D. 单通道酶标仪

    E. 滤光片式酶标仪

2. 化学发光免疫分析根据标记物的不同，可以分为（ ）。

    A. 化学发光酶免疫分析         B. 微粒子发光免疫分析

    C. 生物发光免疫分析            D. 液相法

    E. 固相法

## 三、简答题

请简要分析化学发光免疫分析仪器的发光原理。

---

书网融合……

本章小结

# 第八章　分子诊断仪器

## 学习目标

1. **掌握**　分子诊断仪器的基本原理。
2. **熟悉**　分子诊断仪器的基本结构。
3. **了解**　分子诊断仪器的临床应用及保养维护。
4. 学会分子诊断仪器保养与维护的基本技能。

## 岗位情景模拟

**情景描述**　PCR 具有敏感性高、检测快速、简单等特点，在分子诊断中应用广泛，在 PCR 仪使用中难免出现由于某些特殊原因需要进行仪器搬动的情况，有时会发现 PCR 仪搬动后不能正常使用或者无法正常采集荧光信号。

**讨论**　1. PCR 仪的基本工作原理是什么？

2. PCR 仪的基本结构是什么？

3. PCR 仪无法正常使用或无法采集荧光信号的原因及解决方法有哪些？

分子诊断是指利用核酸或蛋白质作为生物标记进行临床检测的诊断技术，是继形态学、生物化学和免疫诊断之后的第四代诊断技术。其目的是对核酸或基因进行定性或定量检测、基因序列分析等，诊断内容从传统的 DNA 诊断，发展到核酸及其表达产物的全面诊断；诊断策略从利用分子杂交、聚合酶链反应等单一技术的诊断，发展到有机组合多项技术的联合诊断；诊断方法从定性诊断，发展到半定量和定量诊断；诊断范围从单基因疾病的诊断，发展到多基因疾病的诊断；诊断应用从治疗性诊断，发展到预防性分析评价，特别是针对高危人群进行疾病基因或疾病相关基因的筛查。

分子诊断仪器与分子诊断技术相辅相成，其设计原理和思路基本按分子诊断的某个环节或某个过程来设计，如合成类仪器（核酸合成仪、DNA 合成仪）、扩增类仪器（PCR 仪、LCR 仪）、检测类仪器（DNA 测序仪、图像分析系统、原位杂交分析系统）等。现代的分子诊断仪器包括样本提取、样本处理、高通量样本检测与分析等几个功能模块，能够完成样本制备—靶分子富集或扩增—信号检测—数据分析的生物分子检测分析全过程，能够实现多样本、多位点的、快速、高通量检测。

## 第一节　PCR 扩增仪

### 一、PCR 扩增仪概述

聚合酶链反应（polymerase chain reaction，PCR）是指在 DNA 聚合酶催化下，以母链 DNA 为模板，以特定引物为延伸起点，通过变性、退火、延伸等步骤，体外复制出与母链模板 DNA 互补的子链 DNA。它是一项 DNA 体外合成技术，能快速、特异地在体外扩增任何目的 DNA。PCR 技术自 1983 年问世以来，因其对特定核酸序列在短时间内极大的扩增效率，已广泛应用于医学、生物学领域，成为现代分子生物学研究中无可替代的检测技术。PCR 用于疾病的临床诊断，使人们拥有了从对蛋白分子的表型认识进一步深入遗传物质——核酸分子探索的有力工具，也使得临床检验诊断学科中的临床分子诊断这一分支得到了飞速发展。1988 年，世界上第一台 PCR 扩增仪推出，此后，随着 PCR 技术的飞速发展和广泛应用，各种相关设备相继涌现。目前，国内外临床实验室使用最广泛的是实时荧光定量 PCR 技术，该技术可有效避免传统 PCR 技术因各种因素的影响而造成的假阴性或假阳性。

### （一）PCR 扩增仪发展史

核酸研究已有 100 多年的历史。20 世纪 60 年代末、70 年代初，人们致力于研究基因的体外分离技术。Korana 于 1971 年最早提出核酸体外扩增的设想，即"经过 DNA 变性，与合适的引物杂交，用 DNA 聚合酶延伸引物，并不断重复该过程便可克隆 tRNA 基因"。1985 年，美国 PE 公司人类遗传研究室的 Mullis 等发明了具有划时代意义的聚合酶链反应。其原理类似于 DNA 的体内复制，只是在试管中给 DNA 的体外合成提供一种合适的条件（模板 DNA、寡核苷酸引物、DNA 聚合酶、合适的缓冲体系），便使 PCR 的实现成为可能。1988 年初，Keohanog 改用 T4 DNA 聚合酶进行 PCR，其扩增的 DNA 片段很均一，真实性也较高，是很有使用前景的一种 DNA 片段。

PCR 和 DNA 测序结合已成为一项常规技术，能够对不同个体或物种的 DNA 片段进行比较分析的软件是该技术的关键。这些软件包不仅能够提供储存和修复数据的功能，而且可以完成结构比较，并能自动将一些数据译成有意义的遗传差异。以 PCR 为基础，开发出了许多基因扩增技术，并应用于基因扩增的不同方面。

### （二）PCR 扩增仪的分类

根据 DNA 扩增的目的和检测的标准性，可以将 PCR 扩增仪分为普通 PCR 扩增仪和实时荧光定量 PCR 扩增仪两大类。

**1. 普通 PCR 扩增仪**　采用各种方法扩增特异的核酸片段，再用其他方法进行检测，包括普通定性 PCR 扩增仪、梯度 PCR 扩增仪和原位 PCR 扩增仪，其中梯度 PCR 扩增仪和原位 PCR 扩增仪为普通定性 PCR 扩增仪的衍生物。

（1）普通定性 PCR 扩增仪　即传统的 PCR 扩增仪，一次 PCR 只能运行一个特定的退火温度，需不同的退火温度时要多次运行，只能用于扩增特定的核酸片段。普通定性 PCR 扩增仪是目前各领域中应用最普遍的 PCR 扩增仪。

（2）梯度 PCR 扩增仪　一次性 PCR 可以设置一系列不同的退火温度，呈梯度递增或递减。运用 PCR 扩增不同的核酸片段时，最适退火温度存在差别，通过设置一系列的梯度退火温度进行扩增，一次性 PCR 就可以筛选出扩增效率高的最适退火温度。主要用于研究未知核酸退火温度的扩增，节约反应成本的同时也节约了时间。梯度 PCR 扩增仪在不设置梯度退火温度的情况下，也可以作为普通定性 PCR 扩增仪使用。

（3）原位 PCR 扩增仪　原位 PCR 是在组织细胞里进行的 PCR，它结合了具有细胞定位能力的原位杂交和 PCR 技术的优点，在保持细胞或组织完整性的同时，既能鉴定含特定核酸序列的细胞，又能显示出核酸序列在细胞内的位置。原位 PCR 要在载玻片上进行，PCR 的反应体系渗透到组织和细胞中。原位 PCR 扩增仪配有原位载盘，可使载玻片保持水平，而且可以给载玻片进行均匀加热，完成扩增反应。

**2. 实时荧光定量 PCR 扩增仪**　具有荧光信号检测系统，可实时检测荧光信号的改变，另外还配有记录装置、专门的结果处理软件系统。目前实时荧光定量 PCR 扩增仪主要有板式定量 PCR 扩增仪、离心式实时定量 PCR 扩增仪和独立控温的荧光定量 PCR 扩增仪。

（1）板式定量 PCR 扩增仪　它采用半导体加热，金属基座可容纳大量样本进行批量反应，无须特殊耗材，但由于样品孔多导致温度均一性较差，存在位置效应和边缘效应，反应速度也比较慢。样品孔的位置固定，每个样品孔距离光源和检测器的光程各不相同，有可能对结果产生影响。检测在试管管底进行，试管质量不同会对结果产生影响。

（2）离心式实时定量 PCR 扩增仪　它以空气作为热传导媒介，将样品槽设计成离心转子方式，通过转子旋转，使样品孔间的温度差小于 ±0.01℃，保障了温度的均一性。其升温速度快，可达每秒 20℃，加热均匀，耗时短，优于大多数的板式定量 PCR 扩增仪。荧光信号检测系统实时检测旋转到跟前的样品管，样品孔距离光源和检测器的光程相同，减少了系统误差。其缺点是离心转子较小，容纳的样本量有限，不适宜大体积样品的分析，有的需特殊消耗品及试剂，成本较高。

（3）独立控温的荧光定量 PCR 扩增仪　其机型小巧，有 16 个样品槽，但各样品槽分别拥有独立的自动升降温装置，故同一台 PCR 扩增仪上可以进行不同条件的反应，这一特点是其他类型实时荧光定量 PCR 扩增仪所不具备的。其升降温速度快，不存在温度均一性问题，反应速度快，工作效率高。其缺点是需使用特制的反应管，成本高，不适合批量反应。

### （三）PCR 扩增仪的临床应用

随着科技的发展，分子诊断已经成为实验室诊断的重要组成部分，分子诊断不仅可以早期对疾病做出准确的诊断，还能确定个体对疾病的易感性，检出致病基因携带者，并对疾病的分期、分型、疗效监测和预后做出判断。PCR 扩增仪的临床应用可概括为以下方面。

**1. 感染性疾病的诊断**　PCR 技术在感染性疾病中，尤其适用于检测一些培养周期长或缺乏稳定可靠检测手段的病原体。

**2. 遗传性疾病的诊断**　遗传性疾病的发病基础是核酸分子结构变异与核酸的表达产物，如蛋白质或酶类分子结构的改变。PCR 技术的原理恰好为检测这一类疾病提供了有效的手段。目前，临床应用 PCR 诊断的遗传性疾病通常为单基因遗传病，如 $\beta$ – 地中海贫血、镰状细胞贫血、血友病和苯丙酮尿症等。

**3. 恶性肿瘤的诊断**　PCR 技术用于癌基因和抑癌基因缺失与点突变的检测，以及瘤相关病毒基因的检测，已经为临床诊断带来了简便、快速、准确的方法，同时也为肿瘤相关疾病的治疗与预后提供了监控手段。尽管治疗方案和药物的改进已使患者的生存期大大延长，但是缓解期的患者仍存在复发的危险性。实时荧光定量 PCR 扩增仪将成为检测这种微小残留病（minimal residual disease，MRD）的一种必备研究工具，通过对肿瘤融合基因的定量检测，能指导临床对患者实行个体化治疗。

**4. 移植配型的应用**　经典的人类白细胞抗原（human leucocyte antigen，HLA）分型需要通过血清学或混合淋巴细胞培养的方法，随着 PCR 技术的出现，分子生物学技术被引入 HLA 配型领域，通过 PCR 扩增仪可以建立快速、准确的 HLA 基因分型方法，满足临床移植配型的需要。

**5. 法医学的应用**　通过 PCR 反应，可以扩增出痕量样本，如血迹、发丝、精斑等含有的特异性 DNA 片段，从而进行个体识别、亲子鉴定等。

**6. 在其他领域的应用**　PCR 实现了 DNA 在体外扩增，因此在分子研究中起着举足轻重的作用。几乎所有涉及分子生物的研究都是从 PCR 开始的。目前 PCR 技术从各种分子检测、克隆、转基因等各种基因功能研究，到分子标记、育种、物种鉴定、分子标记筛选等，都有广泛应用。

## 二、PCR 扩增仪的基本原理

### （一）PCR 技术的基本原理

PCR 技术是在模板 DNA、引物和四种脱氧核糖核苷酸存在下，依赖于 DNA 聚合酶的酶促合成反应，

DNA 聚合酶以单链 DNA 为模板，借助一小段双链 DNA 来启动合成，通过一个或两个人工合成的寡核苷酸引物与单链 DNA 模板中的一段互补序列结合，形成部分双链。在适宜的温度和环境下，DNA 聚合酶将脱氧单核苷酸加到引物 3′–OH 末端，并以此为起始点，沿模板 5′–3′方向延伸，合成一条新的 DNA 互补链。

PCR 反应的基本成分包括模板 DNA（待扩增 DNA）、引物、4 种脱氧核苷酸（dNTP）、DNA 聚合酶和适宜的缓冲液。类似于 DNA 的天然复制过程，其特异性依赖于与靶序列两端互补的寡核苷酸引物。PCR 由变性、退火、延伸三个基本反应步骤构成。

**1. 模板 DNA 的闭温变性**　模板 DNA 经加热至 94℃并保温一定时间，使模板 DNA 双链或经 PCR 扩增形成的双链 DNA 解离，使之成为单链，以便与引物结合，为下轮反应做准备。

**2. 模板 DNA 与引物的低温退火（复性）**　模板 DNA 经加热变性成单链后，温度降至 55℃，引物与模板 DNA 单链的互补序列配对结合。

**3. 引物的适温延伸（72℃）**　DNA 模板–引物结合物在 *Taq*DNA 聚合酶的作用下，以 dNTP 为反应原料，靶序列为模板，按碱基配对与半保留复制原理，合成一条新的与模板 DNA 链互补的半保留复制链。变性、退火、延伸三个基本反应步骤构成一个循环，每完成一个循环需 2~4 分钟，每一循环新合成的 DNA 片段继续作为下一轮反应的模板，经多次循环（25~40 次），1~3 小时即可将待扩增的 DNA 片段迅速扩增至几百万甚至上千万倍。

### （二）PCR 扩增仪的工作原理

由上述 PCR 技术的基本原理可知，PCR 基因扩增仪的工作关键就是温度的精确控制，其温度的快速变化通过内装的程序或计算机软件进行控制。不同厂家、不同型号的 PCR 扩增仪的原理各有不同，其加热制冷机制、温度控制和功能设置方式都不尽相同。从历史沿革来说，PCR 基因扩增仪有如下四种控温方式。

**1. 水浴锅控温**　以不同温度的水浴槽串联成一个控温体系，分别满足 94℃、55℃ 和 72℃ 三种温度的要求。样品管在这三个档中浸泡，完成变性、退火、片段延伸三个过程，样品在每个槽中停留的时间和槽间的移动，由微机控制并通过机械臂完成。水浴槽温度在一定范围内可调，恒温精度可优于 ±1%。其优点是温度变化快、控温准确、效果明显、价格相对较低；缺点是以室温为温度下限，不能实施复杂的操作程序，仪器体积较大，自动化程度不高，目前已较少应用。

**2. 压缩机控温**　由压缩机自动控温，金属导热，控温较水浴锅方便，但压缩机故障率高、边缘效应及温度的升降失控现象严重，从而影响引物与模板的特异性结合，因此，压缩机控温目前也已较少应用。

**3. 半导体控温**　由半导体自动控温，金属导热，控温方便，体积小，相对稳定性好，但仍有边缘效应及升温失控现象，温度均一性也不十分理想。

**4. 离心式空气加热控温**　采用空气作为导热媒介，由金属线圈加热，温度均一性好，可满足荧光定量 PCR 的高要求，安全程度高。

## 三、PCR 扩增仪的基本结构

不同类型的 PCR 仪，其基本的工作原理非常相似，但结构和组成部件却各有不同。

### （一）普通 PCR 扩增仪

普通 PCR 扩增仪，即通常所指的定性 PCR 扩增仪。按照控温方式的不同，普通 PCR 扩增仪可分为水浴式、变温金属块式和变温气流式三类。

**1. 水浴式 PCR 仪**　由三个不同温度的水浴槽和机械臂组成，采用半导体传感技术控温，由机械臂完成样品在水浴槽间的放置和移动。由于该该类仪器体积较大，自动化程度低，已基本被淘汰。

**2. 变温金属块式 PCR 仪**　其中心是由铝块或不锈钢制成的热槽，上有不同数目、不同规格的凹孔，用来放置样品管。这类仪器采用半导体加热和冷却，由计算机控制恒温和冷热处理过程。

**3. 变温气流式 PCR 仪**　由机壳、热源、冷空气泵、控制器及辅助元件等组成。这类仪器的热源由电阻元件盒和吹风机组成，大功率风扇及制冷设备提供外部空气的制冷，精确的温度传感器构成不同的温度循环。配上计算机和相应软件，可灵活编程控制。

### （二）实时荧光定量 PCR 扩增仪

PCR 反应过程中，有时不仅需定性，还要对初始模板进行定量，实时荧光定量 PCR（real – time quantitative PCR，RQ – PCR）技术，在 PCR 反应体系中加入特异性的荧光染料，荧光信号的变化真实地反映了体系中模板的增加，通过检测荧光信号，实时监测整个 PCR 反应过程，最后通过标准曲线对未知模板进行定量分析。

定量 PCR 仪的构成包括扩增系统和荧光检测系统两部分。扩增系统与普通 PCR 仪相似，荧光检测系统的主要部件包括激发光源和检测器。根据控温方式的不同，该类仪器也分为三类。

**1. 金属板式实时定量 PCR 仪**　即传统的 96 孔板式定量 PCR 仪，由第三代的半导体 PCR 仪发展而来。可作为普通 PCR 仪使用，有的甚至带梯度功能，可容纳的样本量大，无须特殊耗材，但温度均一性欠佳，有边缘效应，标准曲线的反应条件难以做到与样品完全一致。

**2. 离心式实时定量 PCR 仪**　这类仪器的样品槽被设计为离心转子的模样，借助空气加热，转子在腔内旋转。由于转子上每个孔均等位，因此每个样品孔之间的温度均一性较好；使用的是同一个激发光源和检测器，随时检测旋转到跟前的样品，能有效减少系统误差。但这类仪器离心转子较小，可容纳样品量少，有的需用特殊毛细管作样品管，增加了使用成本，也不带梯度功能。

**3. 各孔独立控温的定量 PCR 仪**　这类仪器每个温控模块控制一个样品槽，不同样品槽分别拥有独立的智能升降温模块，使得各孔独立控温，适合多指标快速检测；其软件系统允许一台仪器同时操作 6 个样品模块，既满足了高速批量要求，又能灵活运用，还可实现任意梯度反应。但是其加样不如传统方法方便，而且需要独特的扁平反应管，使用成本较高。

---

🔗 **知识链接**

#### PCR 扩增技术的特点

PCR 扩增技术具有特异性强、灵敏度高、检测速度快、操作简单、对待检材料要求低、可扩增 RNA 等特点。

**1. 特异性强**　靶基因的特异性和保守性，碱基配对原则。

**2. 灵敏度高**　理想状态下，PCR 扩增产物的生成量是以指数形式增加的。

**3. 检测速度快**　从提取 DNA 样品、加入反应体系并上机扩增，到扩增产物的电泳检测，一般 3 ~ 4 小时可以完成。

**4. 操作简单**　对待检材料要求低，可以直接从血液、组织液、其他体液，甚至痕量样品中提取 DNA 和 RNA，也可以对切片的组织样品进行扩增。

**5. 可扩增 RNA**　利用反转录酶将 mRNA 转录成互补 DNA，互补 DNA 可以用常规的 PCR 扩增技术进行扩增。

## 四、PCR 扩增仪的性能指标

### （一）温度控制

温度控制是 PCR 扩增仪的关键要素，关系到 PCR 反应能否成功、PCR 扩增的效率及分析质量，因此温度控制的均一性、精确性以及升降温的速度，成为决定基因扩增仪质量的重要指标。

**1. 温度的准确性**　在 PCR 过程中，扩增仪变温板中的各样品孔实际温度与设定温度的符合程度，是 PCR 扩增仪最重要的性能参数，直接关系到 PCR 的成败。一般要求显示温度和样品实际温度之差小于 0.1℃。PCR 循环中的变性、退火及延伸三个温度必须准确而精密地控制，对于退火和延伸尤为重要，如果退火温度过高，会影响模板与引物的结合，造成假阴性或者定量值偏低；如果温度过低，引物与模板间的特异性结合增加，可能会引起杂带、假阳性甚至定量结果偏高。

在 PCR 过程中，无论是普通 PCR 扩增仪还是实时荧光定量 PCR 扩增仪，在升温或者降温的过程中，都存在温度过高和温度过低的现象，主要是因为加热或者降温的过程中，接近或者达到设定值时，仪器会自动下达停止命令，余热或者余冷均可使样品高于或者低于设定温度，可以理解为升降温的惯性。因此设置温度时，尤其设定退火温度时，需要考虑这些影响因素。

**2. 温度控制的均一性**　现代 PCR 扩增仪的样品模板一般为 96 孔，要求样品孔之间的温度差异小于 0.5℃。如果仪器的温度均一性控制不佳，会导致同一份样本在不同的位置上扩增结果不一致。通常变温金属边缘孔与中间孔存在温度差异，这种现象称为边缘效应。为了达到相同的分析结果，可通过改善基座材质、提高加工精度、选用均一性好的反应管等方式，降低边缘效应的影响。

**3. 升降温的速度**　是指变性、退火和延伸三个不同温度之间每秒升降的温度，一般以℃/s 表示。升降温的速度快，可以缩短整个扩增时间，提高工作效率，同时减少引物与非特异性模板的结合反应时间，提高 PCR 反应特异性和定量检测的准确性。目前主流品牌的 PCR 扩增仪均使用半导体控温组件，并选用银质和镀金、镀银材料取代铝质导热材料，使升降温的速度大幅提高，升温速度一般接近 5℃/s，降温速度不小于 2℃/s。如果采用变温气流式扩增，则升降温的速度更快。

**4. 不同模式的相同温度特性**　主要针对梯度 PCR 扩增仪。现代的 PCR 扩增仪已有更灵活、更强大的功能，可根据任务需求选择不同的功能模式。带梯度功能的 PCR 扩增仪不仅要考虑梯度模式下不同梯度孔间温度的准确性和均一性，还应考虑仪器在梯度和标准两个模式下是否具有相同的温度特性，在模式切换下，仍能取得相同的加热效果。

**5. 加热盖温度**　PCR 扩增仪都配备加热盖，使样品管顶部加热到 105℃左右，避免蒸发的水分凝集于 PCR 管盖的内侧，从而改变 PCR 反应体积和各反应组分的浓度。加热盖温度是 PCR 扩增仪重要的性能指标。

### （二）荧光检测

**1. 荧光检测范围**　PCR 扩增是一个产物呈几何级扩增的过程。样本中的起始模板拷贝数都不多，经过几十个循环后，其拷贝数及荧光强度相差十分巨大。因此，监测荧光强度的范围是扩增仪的重要性能指标之一。一般要求达到每毫升 $10 \sim 10^{10}$ DNA（RNA）拷贝。

**2. 荧光检测通道数**　复合 PCR 实验可同时扩增分析不同样本或同一样本的不同基因，同时获得多结果，节省试剂和时间。因此要求仪器具备多通道检测功能。目前多数 PCR 扩增仪具有 4 个通道，部分具备 6 个检测通道。

**3. Ct 值的精密度**　Ct 值的定义是各检测管荧光信号达到设定阈值所经历的最小循环数。前面介绍定量 PCR 的原理时已经阐明，检测标本中的起始模板数的对数与其 Ct 值呈线性负相关。因此，Ct 值的精确度，对核酸定量的准确性及可靠性非常重要。一般要求扩增仪 Ct 值的 $CV \leqslant 2.5\%$。

## 五、PCR 扩增仪的保养与维护

虽然 PCR 仪器不是一种计量仪器，但其主要作用原理与基本计量要素密切相关，要求较高，所以 PCR 仪器也需要定期检测和维护，对依赖自然风降温的 PCR 仪器尤为重要。在仪器的维护保养中，需要注意以下问题。

（1）PCR 仪器需要定期检测，依据制冷方式而定，一般每半年至少一次。

（2）PCR 反应的要求温度与实际分布的反应温度是不一致的，当检测发现各孔平均温度差偏离设置温度大于 1~2℃时，可以运用温度修正法纠正 PCR 实际反应温度差。

（3）PCR 反应过程的关键是升、降温过程的时间控制，要求越短越好，当 PCR 仪的降温过程超过 60 秒，就应该检查仪器的制冷系统，对风冷制冷的 PCR 仪，要较彻底地清理反应底座的灰尘，对其他制冷系统，应检查相关的制冷部件。

（4）一般情况下，如能采用温度修正法纠正仪器的温度，不要轻易打开或调整仪器的电子控制部件，必要时要请专业人员修理或利用仪器电子线路详细图纸进行维修。

# 第二节　DNA 测序仪

## 一、DNA 测序仪概述

DNA 测序是指检测 DNA 一级结构，即核苷酸的线性排列顺序。由于不同 DNA 核苷酸分子中只是碱基的种类不同，所以 DNA 的测序结果通常是以碱基的种类（A、T、G、C）进行标示。DNA 测序技术是遗传工程的核心技术之一，在促进现代生物学和生命科学的发展中起着举足轻重的作用。目前，全自动 DNA 测序仪主要应用于各种类型的小片段基因测序、细菌基因组测序和比较基因组研究、小 RNA 测序、古生物学和古 DNA 研究领域、环境基因组学和感染性疾病研究领域、基因组结构研究领域。

### （一）DNA 测序仪发展史

DNA 测序技术成熟于 20 世纪 70 年代中后期，随后的 20 多年第一代测序技术测出了不少简单的小型基因组。1990 年，提出人类基因组计划，逐步诞生了高通量第二代测序技术。近年来，单分子等第三代测序技术开始出现，也预示着测序技术应用将更广泛，测序的成本更低。

**1. 第一代测序技术**　1975 年，Sanger 和 Coulson 发明了"Plus and Minus"（俗称"加减法"）测定 DNA 序列；1977 年，Maxamand Gilbent 发明了化学降解法测序；1977 年，Sanger 引入 ddNTP（双脱氧核苷三磷酸），发明了著名的双脱氧链终止法。双脱氧链终止法有效控制了化学降解法中化学毒素和放射性核素的危害，在随后的 20 多年里得到了很好的应用。自此，人类获得了探索生命遗传差异本质的能力，并以此为开端步入基因组学时代。研究人员在 Sanger 法的多年实践之中不断对其进行改进。在 2001 年完成的首个人类基因组图谱，就是以改进了的 Sanger 为其测序基础。

**2. 第二代测序技术**　随着人类基因组计划的完成，人们开始进入后基因组时代。科学家逐步测出多种生物的序列，传统的测序技术已经无法满足高通量和高效率的大规模基因组测序，于是第二代 DNA 测序技术诞生了。第二代测序技术主要指应用焦磷酸测序原理的 454 测序技术、应用合成测序原理的

Solexa Genome Analyzer 测序平台及使用连接技术的 Solid 测序平台。第二代测序技术在极大降低了测序成本的同时，还大幅提高了测序速度，并且保持了高准确性，以前完成一个人类基因组的测序需要 3 年时间，而使用第二代测序技术则仅仅需要 1 周，但在序列读长方面比起第一代测序技术则要短很多。第二代测序技术被很好地应用于单核苷酸多态性（single nucleotide polymorphism，SNP）的研究，对探索人类的遗传及基因病有极大的意义。

**3. 第三代测序技术**　在遗传学中，成千上万的基因组需要分析，高通量的二代技术还是面临着成本高、效率低、准确度不高等难题，第三代测序技术已经开始崭露头角，主要有 SMRT 和纳米孔单分子测序技术。与前两代相比，它们最大的特点就是单分子测序，测序过程无须进行 PCR 扩增。

**（二）DNA 测序仪的分类**

目前，使用的 DNA 测序仪根据电泳类型，分为平板型电泳和毛细管电泳两种仪器类型。

**1. 平板型电泳**　是经典的电泳技术，具有样品判读序列长（600～900bp）、一块凝胶板上可同时进行多个样品测序（可达 96 个）的优点。

**2. 毛细管电泳**　是一种快速、高效、进样量少、灵敏度高的新技术，可测序列达到 750bp 左右。

**（三）DNA 测序仪的临床应用**

DNA 序列分析技术从简单装置进行手工测序，到全自动 DNA 序列分析，发展得十分迅速，目前的自动分析系统与原来的分析技术相比，具有速度快、准确性高、操作简单、分析片段长（可达 1000bp 以上）等特点。

全自动 DNA 测序仪实际上是一台带有自动检测系统的高压电泳装置，PCR 反应后，样品可自动或手工加样到凝胶中进行电泳。测序时所用的标记物多为荧光素，由于不同的 ddNTP 标记了不同的荧光，故样品不必分成 4 个孔电泳，而可以在同一孔中进行电泳。在高压电场的作用下，DNA 片段依其分子大小，依次穿过凝胶板下端的检测区。检测系统在电泳过程中实时进行信号扫描采集，检测窗口由激光器发出的光束，激光束以与凝胶板垂直的方向射向凝胶，在凝胶中电泳的 DNA 片段上的荧光基团，吸收激光束提供的能量而发射出特征性波长的荧光，该荧光被一个灵敏度极高的光电管检测并转化为电信号，这些信号传入计算机贮存。电泳结束后，计算机将其收集到的荧光信号的波长、强度、空间坐标等，建立一个多维矩阵数据库，其软件以该数据库为基础，模拟显示电泳分离后的 DNA 排列图像，并自动读出 DNA 序列。此外，计算机还可比较同一样品多次测序结果，以便操作者进一步校正测序结果。

DNA 测序因能直观地反映出 DNA 序列的变化，对于遗传病和肿瘤的诊断、器官移植和法医学具有非常重要的意义。目前核酸序列分析已广泛应用于临床遗传病、传染性疾病和肿瘤的基因诊断，以及农业、畜牧业的动植物育种，法医鉴定等领域，尤其是在人类基因组计划中的应用，为人类破译全部基因密码发挥了极其重要的作用。

随着致病基因或疾病相关基因不断被克隆和分离，基因治疗技术的逐渐成熟，将会有越来越多的疾病的诊断和治疗依赖对相关基因的检测，这在大多数情况下都需要进行测序才能准确判断。因此，核酸序列分析的应用前景是非常光明的。

## 二、自动化 DNA 序列分析原理

随着 DNA 测序技术的不断改进及仪器自动化程度的不断提高，使得原来的手工测序发展成目前的自动测序。自动化的 DNA 测序仪普遍采用双脱氧链终止法的原理，PCR 测序反应代替酶反应方法，测序反应产物的读取不再通过放射自显影检测，而是应用荧光标记检测技术，集束化的毛细管电泳代替传统的凝胶电泳，序列数据可自动采集并传输到计算机进行分析。DNA 测序仪的自动化程度高，样品分析量大，连续运行，无须监控，可以实现 24 小时不间断自动灌胶、自动上样、自动电泳分离、自动检测及自动数据收集分析。

### （一）荧光标记

**1. 单色荧光染料标记法**　采用单一 Cy5 荧光染料标记测序引物或终止底物 ddNTP，沿用双脱氧链终止法原理，A、G、C、T 四个反应分别进行，各管反应产物也分别在不同泳道上电泳。

**2. 多色荧光染料标记法**　采用四种荧光染料标记测序引物或终止底物 ddNTP，前者 A、G、C、T 四个反应需分别进行，而后者的四个反应可以在同一管中完成。多色荧光染料标记法可使测序反应产物在同一泳道上分离识别，从而降低泳道间迁移率差异对结果分析的影响，极大地提高了测序的准确性、测序长度以及测序速度。

### （二）毛细管电泳

DNA 测序仪器所采用的毛细管电泳（CE）是以高压直流电场为驱动力，使带有荧光的 DNA 片段在毛细管内的凝胶聚合物中从负极向正极泳动，按相对分子质量大小进行分离，它具有分辨率高、灵敏度高、重复性好、快速及易于自动化等特点。常用于 DNA 测序的毛细管电泳有毛细管凝胶电泳、非凝胶基质毛细管电泳、阵列毛细管电泳、扫描毛细管电泳和芯片毛细管电泳等。

### （三）激光检测技术

DNA 测序仪的激光器可发出极细的光束，光束通过光学系统被导向检测区，激发出已分离的测序反应产物。反应产物上的荧光发色基团吸收激光束提供的能量会发射特征性波长的荧光，代表不同碱基信息的不同颜色荧光经光栅分光后，再投射到 CCD 成像系统上同步成像，并且经计算机软件分析后显示测序结果。

## 三、DNA 测序仪的基本结构

在分子生物学研究中，DNA 的序列分析是进一步研究和改造目的基因的基础。核酸序列测定经过不断发展和完善，已经成为一门相当成熟的研究手段。随着分子克隆技术的日趋完善，DNA 序列测定的简便方法和仪器设备应运而生，DNA 序列测定也从手工测定逐步发展到半自动和全自动分析。

全自动 DNA 测序仪主要由主机、微型计算机和各种应用软件等组成。

### （一）主机

主机具有自动灌胶、进样、电泳、荧光检测等功能。大致可分为以下几个结构功能区。

**1. 自动进样器区**　装载有样品盘、电极（负极）、电极缓冲液瓶、洗涤液（蒸馏水）瓶和废液管。其功能如下。

（1）自动进样器　受程序控制进行三维移动，许多操作如毛细管进入样品盘标本孔中进样、电极和毛细管在电极缓冲液瓶、洗涤液瓶和废液管中移动等，均依靠自动进样器的移动完成。

（2）电极　为电泳的负性电极，测序过程中正、负极之间的电势差可达 15000V，如此高的电势差可促进 DNA 分子在毛细管中很快泳动，达到快速分离不同长度 DNA 片段的目的。

（3）样品盘　有 48 孔和 96 孔两种，可一次性连续测试 48 或 96 个样本。

（4）电极固定螺母　固定电极及毛细管的作用。

**2. 凝胶块区**　包括注射器驱动杆、样品盘按钮、注射器固定平台、电极（正极）、缓冲液阀，玻璃注射器、毛细管固定螺母和废液阀等部件。其功能如下。

（1）注射器驱动杆　给注射器提供压力，将注射器内的凝胶注入毛细管中。

（2）样品盘按钮　控制自动进样器进出。

（3）注射器固定平台　起固定注射器的作用。

（4）电极　为电泳的正性电极，始终浸泡在正极缓冲液中。

（5）正极缓冲液阀　当注射器驱动杆下移，将注射器内的凝胶压入毛细管时，缓冲液阀关闭以防止凝胶进入缓冲液；电泳时此阀打开，提供电流通道。

（6）玻璃注射器　储存凝胶高分子聚合物，以及在填充毛细管时提供必要的压力。

（7）毛细管固定螺母　固定毛细管。

（8）废液阀　在清洗泵块时控制废液流。

**3. 检测区**　检测区内有高压电泳装置、激光检测器窗口及窗盖、加热板、毛细管、热敏胶带。

（1）高压电泳装置　在高压电场的作用下，DNA片段依其分子大小依次穿过凝胶板下端的检测区。

（2）激光检测器窗口及窗盖　激光检测器窗口正对毛细管检测窗口，从仪器内部的氩离子激光器发出的激光，可通过激光检测器窗口照到毛细管检测窗口上。电泳过程中，当荧光标记DNA链上的荧光基团通过毛细管窗口时，受到激光的激发而产生特征性的荧光光谱，荧光经分光光栅分光后投射到CCD摄像机上同步成像。窗盖起固定毛细管的作用，同时可防止激光外泄。

（3）加热板　电泳过程中起加热毛细管的作用，一般维持在50℃。

（4）毛细管　为填充有凝胶高分子聚合物的玻璃管，直径为50μm，电泳时样品在毛细管内从负极向正极泳动。

（5）热敏胶带　将毛细管固定在加热板上。

### （二）微型计算机

控制主机的运行，并对来自主机的数据进行收集和分析。

### （三）各类软件

承担数据收集、DNA序列分析及DNA片段大小和定量分析。

## 四、DNA测序仪的性能指标

参考国家标准《高通量基因测序技术规程》（GB/T 30989—2014）的要求，通常考察下列指标，评价DNA测序仪的性能。

**1. 测序通量**　≥100Mb。

**2. 碱基识别准确率**　≥99%。

**3. 碱基识别质量**　>20%。

**4. 测序准确率**　对已知参考序列的BGISEQ-100质控物质进行检测，检测结果依照软件默认程序与质控物质参考序列比对，准确率不小于99.9%。

**5. 重复性**　在不少于3次的重复检测BGISEQ-100质控物实验中，所得各重复准确率均不小于99.9%。

**6. 检测运行时间**　完成一张载有BGISEQ-100质控物质的芯片的数据采集，有效时间不大于4小时。

### 五、DNA 测序仪的保养与维护

（1）倒胶前，应按照操作要求认真清洗玻璃板，用未清洗干净的胶板倒胶时，易产生气泡或者产生较高的荧光背景。

（2）配制凝胶时，应注意胶的浓度、TEMED 含量、尿素浓度等，并注意防止其他物质（尤其是荧光物质）的污染。

（3）倒胶时，需注意不能有气泡，用固定夹固定胶板时，四周的力度应均匀一致。

（4）将待测样品加入各孔前，应使用缓冲液冲洗各孔，把尿素冲去，以免影响电泳效果。

（5）测序 PCR 反应的总体积通常非常少（5μl），而且未加矿物油覆盖，所以 PCR 管盖的密封性很重要，除加完试剂后盖紧 PCR 管盖外，最好选用 PE 公司的 PCR 管。如果 PCR 结束后 PCR 液少于 4～4.5μl，则此 PCR 反应可能失败，不必进行纯化和上样。

（6）作为测序用户来说，只需提供纯化好的 DNA 样品和引物，一个测序 PCR 反应使用的模板不同，需要的 DNA 量也就不同，PCR 测序所需模板的量较少，一般 PCR 产物需 30～90ng，单链 DNA 需 50～100ng，双链 DNA 需 200～500ng，DNA 的纯度一般是 $A_{260nm}/A_{280nm}$ 为 1.6～2.0，最好用去离子水或三蒸水溶解 DNA，不用 TE 缓冲液溶解。引物用去离子水或三蒸水配成 3.2pmol/μl 较好。

（7）引物的设计，一般仪器 DNA 测序精确度为 $(98.5\pm0.5)\%$，仪器不能辨读的碱基 N＜2%，所需测定的长度超过了 650bp，则需设计另外的引物。为保证测序更为准确，可设计反向引物对同一模板进行测序，相互印证。对于 N 碱基可进行人工核对，有时可以辨读出来。为提高测序的精确度，根据星号提示位置，可人工分析该处彩色图谱，对该处碱基进一步核对。

（8）测序结束后应将毛细管负极端浸在蒸馏水中，避免凝胶干燥而阻塞毛细管。定期清洗泵，定期更换电极缓冲液瓶、洗涤废液瓶和废液管。

# 第三节　生物芯片

## 一、生物芯片概述

基因芯片（gene chip）又称 DNA 芯片或生物芯片，是建立在分子生物学计算机发展基础上的高新技术，由于其包含了微量测定、多个样本同时检测等多个要素，测定快速、价廉，以及在后基因组研究、新药开发、疾病诊断中拥有的巨大潜力，被认为将会和 PCR 和 DNA 重组技术一样，成为生命科学和检验医学的有力武器，给实验医学带来飞跃。

### （一）生物芯片发展史

名词"生物芯片"最早于 20 世纪 80 年代初被提出，而生物芯片技术的发展最初得益于埃德温·迈勒·金瑟恩（Edwin Mellor Southern）提出的核酸杂交理论，即标记的核酸分子能够与被固化的与之互补配对的核酸分子杂交。因此 Southern 杂交可以被看作生物芯片的雏形。20 世纪 90 年代，人类基因组计划和分子生物学相关学科的发展为基因芯片技术的出现和发展提供了有利条件。1992 年，合成了世界上第一张基因芯片。1995 年，斯坦福大学布朗实验室发明了第一张以玻璃为载体的基因微矩阵芯片。1996 年，世界上第一张商业化生物芯片由美国 BD Clontech 公司推出。

## （二）生物芯片的分类

目前，常见的生物芯片有以下几种分类。

**1. 按照芯片的加工方式分类** 生物芯片可分为微阵列芯片（microarray）和微流体芯片（microfuidic chip）。

（1）微阵列芯片 主要包括 cDNA 微阵列、寡核苷酸微阵列、蛋白质微阵列和小分子化合物微阵列等。这类芯片分析的实质是，在面积不大的基片表面上，有序固定一系列可寻址的识别分子，然后在一定的条件下，通过芯片表面固定的分子与待测样本的反应，进行数据采集和分析，以获得最终的检测结果。

（2）微流体芯片 是指利用微米级的各种管道和容器整合微泵、微阀等微型元件，来操纵微升及亚微升级的样本和试剂的芯片。

**2. 按照芯片的作用方式分类** 按照芯片表面有无可操纵生物分子的各种作用力，可将芯片分为主动式和被动式两类。

（1）主动式芯片 指的是在芯片装置中构建有能产生各种作用力的元件（如点极等）的芯片，这些作用力包括电场力、磁场力等，可针对性地对细胞或分子进行操纵，这类芯片具有灵敏、快速、特异性强等优点。

（2）被动式芯片 则没有功能性元件，芯片上探针分子与靶标分子之间的结合，要通过自由扩散或生物分子之间的亲和力实现，因而是被动的。被动式芯片扩散速度慢、扩散范围小、反应效率较低。

**3. 按照载体上的物质成分分类** 可将芯片分为基因芯片、蛋白质芯片、细胞芯片、组织芯片等。

（1）基因芯片 又称为 DNA 芯片（DNA chip）或 DNA 微阵列（DNA microarray），是将 DNA、cDNA 或寡核苷酸按微阵列方式固定在微型载体上制成。它实际上就是一种大规模集成的固相分子杂交技术。

（2）蛋白质芯片 是将蛋白质或多肽类物质按微阵列方式固定在微型载体上，利用蛋白质与蛋白质、酶与底物、蛋白质与其他分子之间的相互作用进行检测分析。

（3）细胞芯片 是将细胞按照特定的方式固定在载体上，用来检测细胞间的相互作用。

（4）组织芯片 是将组织切片等按照特定的方式固定在载体上，用来进行免疫组织化学等分析。

除了上述分类方法外，还可根据芯片材料和支持物种类分为固体生物芯片和液态生物芯片。目前，有一种微缩芯片技术，可以将样本的制备、反应和结果检测整合到一块芯片上。由于其具有分析速度快、分析效率高、需要的样本量和试剂量少，且体积小、携带方便、能同时检测多种生物分子的优势，使得越来越多的研究机构投入这一研究领域。

## （三）生物芯片的临床应用

生物芯片首先使用于基因序列测定和功能分析，并在此基础上派生出一批技术，包括芯片免疫分析技术、芯片核酸扩增技术、芯片精子选择和体外受精技术、芯片细胞分析技术以及采用芯片作平台的高通量药物筛选技术等。生物芯片技术在医学、生命科学、药业、农业、环境科学等凡与生命活动有关的领域中均具有重大的应用前景。

**1. 基因表达水平的检测** 用基因芯片进行的基因表达水平检测可自动、快速地检测出成千上万个基因的表达情况。

**2. 基因诊断** 通过比较、分析正常人和患者的基因组图谱，可以得出病变的 DNA 信息。这种基因芯片诊断技术以其快速、高效、敏感、经济、平行化、自动化等特点，将成为一项现代化的诊断新技术。

**3. 药物筛选** 利用基因芯片分析用药前后机体的不同组织、器官基因表达的差异。如果用 cDNA 表达文库得到的肽库制作肽芯片，则可以从众多的药物成分中筛选到起作用的部分物质。

**4. 个体化医疗**　在药物疗效与副作用方面，由于个体差异患者的反应差异很大。利用基因芯片技术对患者先进行诊断，再开处方，就可对患者实施针对性治疗。

**5. 测序**　基因芯片利用固定探针与样品进行分子杂交产生的杂交图谱而排列出待测样品的序列，这种测定方法快速且具有十分诱人的前景。

**6. 生物信息学研究**　人类基因组计划是人类为了认识自己而进行的一项伟大而影响深远的研究计划。生物芯片技术就是为实现这一环节而建立的，使对个体生物信息进行高速、并行采集和分析成为可能，必将成为未来生物信息学研究中的一个重要信息采集和处理平台，成为基因组信息学研究的主要技术支撑。

**7. 在实际应用方面**　生物芯片技术可广泛应用于疾病诊断和治疗、药物基因组图谱、药物筛选、中药物种鉴定、农作物的优育优选、司法鉴定、食品卫生监督、环境检测、国防等许多领域。

## 二、生物芯片的基本原理

基因芯片技术是基于核酸分子碱基之间（A＝T/G≡C）互补配对的原理，利用分子生物学、基因组学、信息技术、微电子、精密机械和光电子等技术，将一系列短的、已知序列的寡核苷酸探针排列在特定的固相表面构成微点阵，然后将标记的样品分子与微点阵上的 DNA 杂交，以实现对多到数万个分子之间的杂交反应，并根据杂交模式构建目标 DNA 的序列，从而高通量、大规模地分析和检测样品中多个基因的表达状况或者特定基因分子是否存在。

## 三、生物芯片的基本结构

生物芯片的种类繁多，其检测系统组成和结构不尽相同。基因芯片是目前临床应用最为广泛的生物芯片，主要用于遗传性疾病的基因诊断（如耳聋基因的检测）、病原微生物的鉴定（如结核杆菌的检测和基因分型）、微生物耐药性检测等。

### （一）基因芯片检测系统

基因芯片检测系统主要由杂交仪、孵育箱、芯片扫描仪条码阅读器和计算机工作站组成。

条码阅读器可以识别芯片和样本管上的条码信息，将患者信息和芯片信息输入计算机工作站，然后依次进行杂交、冲洗、染色、成像和信号分析，整个过程由计算机工作站按测试流程自动进行。

### （二）杂交仪

杂交仪可以自动完成加样和杂交过程。每 4 张芯片装载于一个芯片条上，杂交仪上有 4 个芯片槽，可以加入不同的芯片条，每次反应可完成 4 个项目、16 个样本的检测。操作人员可以通过杂交仪控制面板，设置每个芯片条的反应温度和时间，并通过计算机工作站实时监控反应进程。

### （三）孵育箱

孵育箱由移板机械臂、芯片条杂交盘、冲洗/染色平盘、冲洗盘 B、成像盘等部件构成。冲洗样本杂交完成后，冲洗和染色工作在孵育箱内完成。芯片置于芯片条杂交盘上，根据设定的程序，由移板机械臂将芯片依次转移至冲洗/染色盘、冲洗盘 B 进行冲洗和染色，反应的温度和时间由计算机工作站控制。反应结束后芯片条由移板机械臂转移至成像盘上。

### （四）芯片扫描仪

染色结束后，芯片通过芯片扫描仪对荧光信号进行检测，采集到的荧光信号通过计算机工作站的软件分析形成图谱和检测报告。芯片扫描仪采用激光共聚焦原理检测荧光信号,分辨率达到 $2\mu m$,在 1 小时内可完成 4 张芯片的分析。

## 四、生物芯片的保养与维护

生物芯片各个分析系统必须要加强日常保养与维护才能使仪器长久保持良好的工作状态,检测结果才能准确可靠。

**1. 正确操作** 操作人员应该熟悉各个系统的性能特点,严格按照操作规程正确操作,应避免仪器在正常工作时出现断气、断电、断水等情况,确保系统的正常运行。

**2. 工作环境** 清洁卫生,防尘、防晒、防潮湿。温度一般为 $5 \sim 35℃$,温度控制精度为 $\pm 0.1℃$,相对湿度应低于80%,海拔高度应低于 2000 米。

**3. 工作电压** 波动范围一般不得超过 $\pm 10\%$。

**4. 运输过程** 避免剧烈振动,环境条件不可有剧烈变化。

**5. 正确存放** 不可将生物芯片滞留于检测器上过长时间。

**6. 定期检查和维护** 认真做好仪器的工作记录。

## 目标检测

答案解析

### 一、单选题

1. 分子诊断是指利用(  ) 或蛋白质作为生物标记进行临床检测的诊断技术。

    A. 抗原         B. 抗体         C. 核酸         D. 血细胞

2. PCR 基因扩增仪的工作关键是控制(  )。

    A. 温度         B. 湿度         C. 大气压         D. 速度

3. 基因芯片检测系统的组成不包括(  )。

    A. 杂交仪         B. 孵育箱         C. 芯片扫描仪         D. 鞘流池

### 二、多选题

1. 构成 PCR 的三个基本反应步骤是(  )。

    A. 变性         B. 冷却         C. 退火         D. 延伸

2. DNA 测序仪根据电泳类型的不同,可以分为(  )

    A. 平板型电泳         B. 毛细管电泳         C. 旋转式电泳         D. 离心式电泳

### 三、简答题

请简述 PCR 反应的基本成分及基本步骤。

书网融合……

本章小结

# 参考文献

［1］李莉，胡志东. 临床检验仪器［M］.3 版. 北京：中国医药科技出版社，2019.

［2］张旭，刘志成. 临床检验仪器与体外诊断试剂［M］. 北京：中国医药科技出版社，2010.

［3］佟威威. 医学检验的仪器与管理［M］. 长春：吉林科学技术出版社，2018.

［4］漆小平，邱广斌，崔景辉. 医学检验仪器［M］. 北京：科学出版社，2014.

［5］曾照芳，余蓉. 医学检验仪器学［M］. 武汉：华中科技大学出版社，2013.

［6］须建，张柏梁. 医学检验仪器与应用［M］. 武汉：华中科技大学出版社，2012.

［7］朱险峰. 医用常规检验仪器［M］. 北京：科学出版社，2014.

［8］续薇. 医学检验与质量管理［M］. 北京：人民军医出版社，2015.

［9］邹雄，李莉. 临床检验仪器［M］.2 版. 北京：中国医药科技出版社，2015.

［10］邬强，韩忠敏. 临床检验仪器与应用［M］. 武汉：华中科技大学出版社，2017.

［11］须建，彭裕红. 临床检验仪器［M］. 北京：人民卫生出版社，2015.

［12］吴佳学，彭裕红. 临床检验仪器［M］. 北京：人民卫生出版社，2019.

［13］严荣国，王成. 临床医学检验仪器分析新技术［M］. 北京：科学出版社，2019.

［14］余蓉，胡志坚. 医学检验仪器学［M］. 武汉：华中科技大学出版社，2021.

［15］王迅. 检验仪器使用与维护［M］. 北京：人民卫生出版社，2022.

［16］蒋长顺. 医用检验仪器应用与维护［M］. 北京：人民卫生出版社，2018.

［17］樊绮诗，钱士匀. 临床检验仪器与技术［M］. 北京：人民卫生出版社，2015.

［18］张纪云，张国军. 临床检验基础［M］. 北京：科学出版社，2022.

［19］杨晓林. 发光免疫分析技术与应用［M］. 北京：科学出版社，2020.